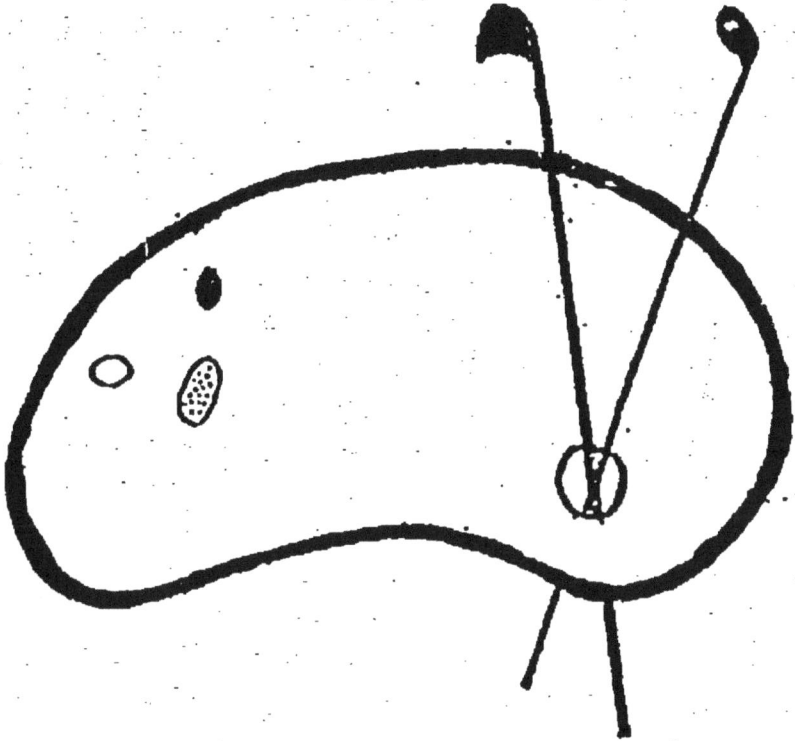

DEBUT D'UNE SERIE DE DOCUMENTS
EN COULEUR

LABORATOIRE DÉPARTEMENTAL

DE CHIMIE AGRICOLE

DE LA LOIRE-INFÉRIEURE.

TRAVAUX

EFFECTUÉS

PENDANT L'EXERCICE 1882-83

PAR A. ANDOUARD,

Directeur du Laboratoire départemental,
Professeur à l'École de plein exercice de Médecine et de Pharmacie de Nantes,
Correspondant de l'Académie de Médecine.

NANTES,
Mme Vve CAMILLE MELLINET, IMPRIMEUR DE LA SOCIÉTÉ ACADÉMIQUE,
Place du Pilori, 5
L. MELLINET et Cie, Sucrs

1883

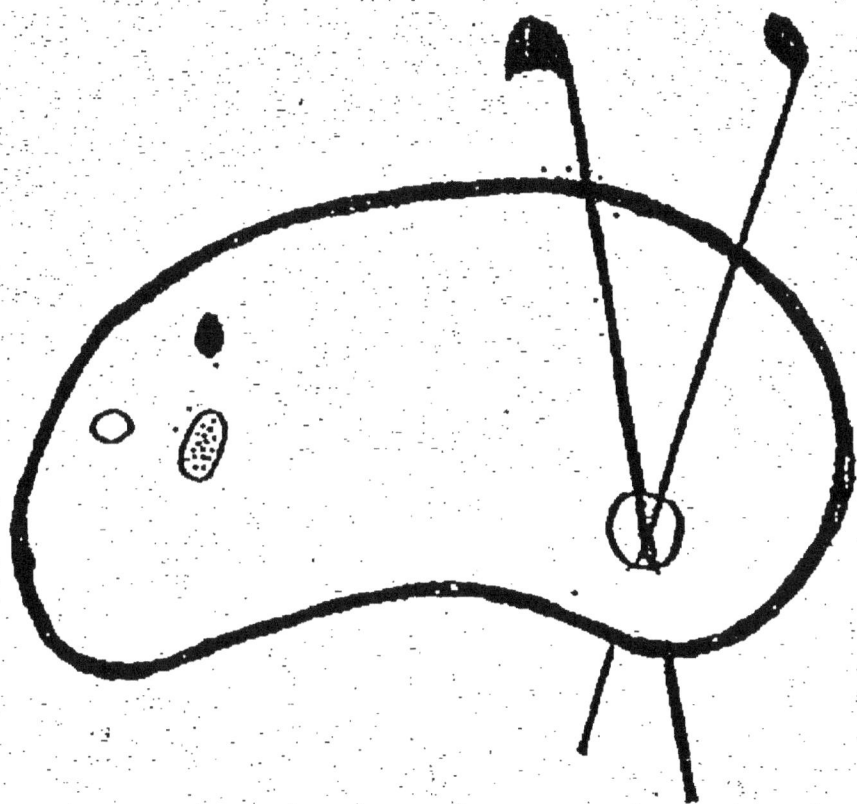

FIN D'UNE SERIE DE DOCUMENTS
EN COULEUR

LABORATOIRE DÉPARTEMENTAL DE CHIMIE AGRICOLE

DE LA LOIRE-INFÉRIEURE.

—

TRAVAUX

EFFECTUÉS PENDANT L'EXERCICE 1882-83.

———

SOMMAIRE.

———

LABORATOIRE DÉPARTEMENTAL
DE CHIMIE AGRICOLE
DE LA LOIRE-INFÉRIEURE.

———

TRAVAUX
EFFECTUÉS
PENDANT L'EXERCICE 1882-83

PAR A. ANDOUARD,

Directeur du Laboratoire départemental,
Professeur à l'Ecole de plein exercice de Médecine et de Pharmacie de Nantes,
Correspondant de l'Académie de Médecine.

———◆———

NANTES,
Mme Vve CAMILLE MELLINET, IMPRIMEUR DE LA SOCIÉTÉ ACADEMIQUE,
Place du Pilori, 5
L. MELLINET et Cie, sucrs

1883

RAPPORT

SUR LES

TRAVAUX DU LABORATOIRE DÉPARTEMENTAL

DE CHIMIE AGRICOLE

Pendant l'année 1882-1883.

———

Monsieur le Préfet,

Malgré les fâcheuses conditions climatologiques de l'automne dernier, qui n'ont pas permis d'ensemencer beaucoup plus de la moitié de nos terres labourables, malgré la gêne du cultivateur, fruit d'une trop longue série d'années mauvaises et dont la conséquence inévitable a dû être une diminution de ses achats d'engrais, j'ai la satisfaction de constater qu'à aucune époque le Laboratoire départemental n'a opéré plus de vérifications que cette année.

Cinquante communes y ont envoyé des matières fertilisantes et le nombre des analyses de toute sorte qui, l'an dernier, était de 499, s'élève cette fois à 789. En voici la nomenclature :

	Nombre.
Argile.............................	1
Beurre.............................	6
Calcaire............................	2
Cendres vives.....................	3
— d'os.....................	1
Charrée......	2
Chaux.............................	1
Chlorure de potassium.............	2
Chocolat...........................	1
Ciment............................	2
Cires..............................	2
Composts	15
Déchets de colle forte.............	2
— poils.................	7
Eaux douces.......................	35
Eau-de-vie........................	2
Farines diverses...................	6
Guanos............................	59
Huiles.............................	4
Lait...............................	27
Métaux............................	3
Minerais	2
Nitrates...........................	4
Noirs..............................	138
Os dégélatinés.....................	1
— pulvérisés...................	3
Phosphates fossiles................	290
Poudrette	1
Roches	3
Sang desséché	5
A reporter	630

	Nombre.
Report.........	630
Savon....................	1
Suif.....................	3
Sulfate d'ammoniaque.....	11
Superphosphates..........	52
Tourteaux................	13
Vins	79
Total...........	789

La progression est également croissante pour les analyses demandées à titre gratuit. De 184, chiffre de 1882, leur total est porté aujourd'hui à 298, répartissable comme il suit entre les diverses communes auxquelles ces analyses ont été adressées :

Tableau.

COMMUNES.	Calcaire.	Cendres.	Clairée.	Chlorure de potassium.	Composts.	Déchets de poils.	Guanos.	Lait.	Nitrates.	Noirs.	Phosphates fossiles.	Sang desséché.	Sulfate d'ammoniaque.	Superphosphates.	Vins.	Totaux.
Abbaretz	»	»	»	»	»	»	»	»	»	4	1	»	»	»	»	5
Aigrefeuille	»	»	»	»	»	»	»	»	»	»	1	»	»	»	»	1
Assérac	»	»	»	»	»	»	»	»	»	»	1	»	»	»	»	1
Blain	»	»	»	»	»	»	1	»	»	»	»	»	»	»	2	3
Bouguenais	»	»	»	»	»	»	»	»	»	»	2	»	»	»	»	3
Bouvron	»	»	»	»	»	»	»	»	»	»	2	»	»	»	»	2
Camphon	»	»	»	»	»	»	»	»	»	2	3	»	»	»	1	6
Chapelle-Basse-Mer	»	»	»	»	»	1	»	»	»	»	»	»	»	»	»	1
Chapelle-Glain	»	»	»	»	»	»	1	»	»	»	3	»	2	»	»	5
Châteaubriant	»	»	»	»	»	»	»	»	»	2	2	»	»	1	»	4
Conquereuil	»	»	»	»	»	»	»	»	»	1	1	»	»	»	»	2
Couéron	»	»	»	»	»	»	»	»	»	1	»	»	»	»	»	1
Couffé	»	»	»	»	»	»	1	»	»	»	»	»	»	»	»	1
Derval	»	»	1	»	»	»	»	»	»	»	2	»	»	»	»	3
Fay	»	»	»	»	»	»	3	»	»	7	42	»	»	»	»	49
Grand-Auverné	»	»	»	»	»	»	»	»	»	2	26	»	»	»	»	28
Guémené	»	»	»	»	»	»	»	»	»	2	26	»	»	»	»	28
Guenrouet	»	»	»	»	»	»	»	»	»	»	1	»	»	»	»	1
La Montagne	»	»	»	»	»	»	»	»	»	1	»	»	»	»	»	1
Le Pellerin	»	»	»	»	»	»	1	»	»	»	»	»	»	»	»	1
Le Temple	»	»	»	»	»	»	»	»	»	14	16	»	»	»	»	30
Les Moutiers	»	»	»	»	»	»	2	»	»	»	»	»	»	»	»	2
Ligné	»	»	»	»	»	»	»	»	»	»	4	»	»	»	»	4
Machecoul	»	»	»	»	»	»	1	»	»	2	1	»	»	»	»	3
Massérac	»	»	»	»	»	»	»	»	»	»	1	»	»	»	»	1
Mauves	»	»	»	»	»	3	»	»	»	»	1	»	»	»	»	4
Missillac	»	»	»	»	»	»	»	»	»	»	2	»	»	»	»	2
Moisdon	»	»	»	»	»	»	1	»	»	»	1	»	»	»	»	2
Montbert	»	2	»	»	»	»	»	»	»	2	»	»	»	»	»	4
Nantes	»	»	1	»	»	»	2	»	»	7	8	»	»	3	»	21
Nort	»	»	»	»	»	»	»	»	»	2	3	»	»	»	»	5
Notre-Dame-des-Landes	»	»	»	»	»	»	»	»	»	1	1	»	»	»	»	2
Nozay	»	»	»	»	»	»	»	»	»	1	1	»	»	»	»	2
Plessé	»	»	»	»	»	»	»	»	»	9	9	»	»	»	»	18
Puceul	»	»	»	»	»	»	»	»	»	»	1	»	»	»	»	1
Rezé	»	»	»	»	»	»	1	»	»	»	»	»	»	»	»	1
Saint-Etienne-de-Mont-Luc	2	»	»	»	1	»	1	20	»	1	1	»	»	»	»	26
Saint-Gildas-des-Bois	»	»	»	»	1	»	»	»	»	2	1	»	»	1	»	5
Saint-Herblain	»	»	»	»	»	»	1	»	»	»	»	»	»	»	»	1
Saint-Hilaire-de-Chaléons	»	1	»	»	»	»	»	»	»	»	1	»	»	»	»	2
Saint-Julien-de-Vouvantes	»	»	»	»	»	»	1	»	»	»	1	»	»	2	»	4
Saint-Lyphard	»	»	»	»	»	»	»	»	»	»	»	3	»	»	»	3
Saint-Mars-la-Jaille	»	»	»	»	»	»	2	»	»	»	»	»	»	»	»	2
Sainte-Pazanne	»	»	»	»	»	»	2	»	»	»	»	»	»	»	»	2
Soulvache	»	»	»	»	»	»	»	»	»	»	1	»	»	»	»	1
Sucé	»	»	»	»	»	»	»	»	»	1	2	»	»	»	»	3
Vallet	»	»	»	»	»	»	2	»	»	»	1	»	»	»	»	3
Verton	»	»	2	»	»	»	4	»	1	1	»	»	»	1	»	9
Vieillevigne	»	»	»	»	»	»	»	»	»	»	1	»	»	3	»	4
Vigneux	»	»	»	»	»	»	1	»	»	4	5	»	»	»	»	10
Totaux	2	3	2	2	2	4	29	20	3	66	144	3	3	12	3	298

Quelques détails sont nécessaires pour marquer la qualité relative des divers produits inscrits ci-dessus.

Phosphates fossiles.

Par suite d'un vœu émis par M. Grandeau, en 1882, au Congrès des directeurs de stations et de laboratoires agronomiques, les phosphates fossiles ont été titrés simultanément, cette année, par la méthode dite *commerciale*, qui donne des résultats supérieurs à la vérité, et par les procédés *exacts*, seuls susceptibles de conduire à la connaissance du titre réel en phosphate de chaux.

Le but de cette innovation est de montrer aux acheteurs l'écart, parfois énorme, existant entre les résultats fournis par les deux moyens de vérification, et de les engager à ne baser leurs achats que sur les procédés analytiques rigoureux. Le tableau ci-après fait ressortir le sens de cet écart. Il est dressé en raison des habitudes du marché, qui admettent une tolérance de 5 % sur la garantie vérifiée à l'aide de l'*essai commercial*.

TITRE compris entre	Analyse commerciale.	Analyse exacte.
5 et 10 %	0	1
10 15	0	0
15 20	1	1
20 25	0	2
25 30	2	9
30 35	1	38
35 40	27	45
40 45	35	39
45 50	47	4
50 55	25	1
55 60	2	1
60 65	0	2
65 70	0	0
70 75	3	1
75 80	1	0
Total	144	144

A la lecture de ce tableau, on voit qu'il n'y a pas concordance entre les groupements donnés par les deux procédés de vérification. L'analyse exacte abaisse de 8 à 10 % le titre *fictif* indiqué par l'analyse commerciale ; elle fait donc descendre, de deux catégories, la plupart des engrais titrés par la dernière méthode. Voilà pourquoi le fossile placé dans le premier groupe, par l'essai exact, se trouve dans le troisième d'après l'essai commercial ; pourquoi ceux qui donnent 30-35 % de phosphate de chaux sont au nombre 36 dans la colonne des analyses exactes, alors qu'il n'y en a qu'un seul dans celle des analyses commerciales, et ainsi de suite en remontant l'échelle jusqu'aux titres les plus élevés.

Il n'est pas besoin d'autre argument pour déterminer le choix de l'analyse à préférer.

Laissant de côté ce point de vue, il faut reconnaître que, cette année, le plus grand nombre des échantillons accusait *commercialement,* une richesse de 40 à 50 %, qu'on peut considérer comme satisfaisante.

Tous les produits inférieurs à ceux-ci ont été signalés aux cultivateurs comme devant être refusés, ou tout au moins comme devant donner lieu à des réductions de prix, lorsque leur titre approchait de 40 %. D'importantes remises et des échanges avantageux ont été la conséquence de ces avis. L'un des acheteurs le plus malheureux avait reçu un soi-disant phosphate fossile présentant la composition suivante ;

Tableau.

	Analyse commerciale.	Analyse Exacte.
Phosphate de chaux............... ..	8.30	0.00
Matières minérales solubles...........	9.90	18.20
Id. insolubles.........	81.80	81.80
Total............	100.00	100.00

Ici l'analyse commerciale suffisait à démontrer que la substance n'était pas acceptable, mais il n'en était pas de même dans le cas suivant, où un falsificateur plus habile avait su, en introduisant dans son produit des scories ferrugineuses, lui donner, à l'essai commercial, l'apparence d'une matière phosphatée :

	Analyse commerciale.	Analyse exacte.
Phosphate de chaux...............	38.10	0.00
Matières minérales solubles...........	12.30	50.40
Id. insolubles.........	49.60	49.60
Total............	100.00	100.00

L'analyse vraiment scientifique pouvait seule dire, cette fois, l'indigence en acide phosphorique de ce mélange audacieusement vendu comme phosphate fossile.

Tout danger de tromperie, en matière d'engrais de cette nature, ne peut donc être écarté que si l'on s'astreint à doser avec précision l'acide phosphorique y contenu. C'est là un fait incontestable et qu'on ne saurait trop répéter.

Noir animal.

Le double travail analytique accompli pour l'appréciation des phosphates fossiles a été également exécuté pour le noir animal, relativement auquel il était aussi nécessaire.

On admet généralement que ce produit, au moins celui qui n'a pas servi d'agent de clarification, accuse la même valeur à l'analyse exacte et à l'analyse commerciale. Cette croyance est une erreur; je le démontrerai dans un mémoire dont j'achève en ce moment la rédaction. L'écart entre les deux résultats est, à la vérité, plus faible que pour les nodules; mais il est encore notable, ainsi qu'on peut le déduire du défaut de correspondance des titrages du dernier exercice :

TITRE compris entre	Analyse commerciale.	Analyse exacte.
5 et 10 %.....................	0	1
10 15	0	1
15 20	2	1
20 25	0	1
25 30	2	1
30 35	1	2
35 40	2	7
40 45	8	6
45 50	3	2
50 55	7	12
55 60	9	9
60 65	11	12
65 70	20	11
70 75	1	0
Total................	66	66

Pour les noirs purs, c'est-à-dire pour ceux qui occupent le bas du tableau, la dépréciation marquée par l'analyse exacte n'excède pas 5 % et, par conséquent, elle ne fait fléchir que d'un rang la place de l'engrais.

Il en est autrement pour les noirs mêlés de tourbe ou de phosphates minéraux, qui peuvent descendre de deux ou trois séries, selon leur nature et le quantum de la fraude; les premières lignes du tableau en témoignent nettement.

Un tiers des échantillons classés ci-dessus était sans valeur et a dû être taxé de mauvaise qualité. Cette proportion est affligeante et l'on se demande avec inquiétude ce qu'elle deviendrait, si la crainte du contrôle ne retenait la main coupable des falsificateurs.

Guanos.

Les vingt-cinq guanos analysés au Laboratoire départemental étaient, à l'exception d'un seul, suffisamment riches en *acide phosphorique*. On ne peut malheureusement en dire autant pour l'*azote*, dont la proportion, généralement faible, se répartit comme suit entre les divers échantillons :

			Nombre
Azote compris entre.... 1	et 2 %		3
2	3		5
3	4		3
4	5		9
5	6		2
6	7		2
8	9		1
Total..........			25

Le titre dominant est celui de 4 à 5 % ; c'est la moyenne

des livraisons actuelles faites sous la garantie du gouvernement péruvien. Nous sommes loin du temps où cet engrais fournissait régulièrement 12 à 14 % d'azote. Encore si le cultivateur ne le payait que proportionnellement à sa richesse en principes fertilisants. Mais il n'en est point ainsi. Les détenteurs de guano, sachant bien la variabilité de composition qui résulte du mélange inégal de ses éléments constitutifs, refusent obstinément de garantir un titre quelconque à leur marchandise. Il en résulte une défiance légitime chez l'acheteur, et l'agriculture envisage sans appréhension l'épuisement définitif et prochain des gisements du Pérou.

La spéculation est moins résignée. Elle cherche de tous côtés de nouvelles sources du précieux engrais et, dernièrement, elle a cru trouver, dans les îles du Cap-Vert, une compensation à ce qui lui manquera bientôt en Amérique. Un premier envoi de guano du Cap-Vert, fait à Bordeaux en 1882, avait encouragé les espérances primitivement conçues et, dès le commencement de cette année, 350 tonnes du même produit furent amenées à Nantes par le navire *Edouard.* La composition chimique du chargement ne répondit en rien aux promesses des expéditeurs ; la voici telle que me l'a donnée la moyenne de neuf analyses :

Guano du Cap-Vert.

Humidité.....................................	15.21
Azote organique........................	0.28
— ammoniacal......................	0.04
Matières organiques....................	10.63
Acide phosphorique....................	11.37
Chaux, magnésie, etc....................	20.49
Sels solubles dans l'eau................	0.92
Matières minérales insolubles...........	41.06
Total......	100.00

Bien que peu satisfaisante, cette composition représente pourtant le guano débarrassé d'une quantité considérable de pierres, qui en amoindrissaient encore la valeur. Un pareil produit ne pouvait être mis en rivalité avec celui du Pérou ; il fut vendu à vil prix comme terre phosphatée.

Superphosphates.

Je range indistinctement, sous cette dénomination, tous les engrais dont le phosphate de chaux a été solubilisé au moyen de l'acide sulfurique : *Superphosphates minéraux, superphosphates d'os, phospho-guanos, guanos dissous, etc.*

Sur ces produits fabriqués, la fraude se donne carrière plus encore peut-être que sur les autres. La matière prête merveilleusement à la supercherie : elle peut contenir les substances les plus diverses, affecter les apparences les plus variées, sans qu'il soit possible de la juger à ses caractères physiques. Aussi n'est-il pas rare de rencontrer des super-phosphates sans valeur.

Des quatorze échantillons remis au Laboratoire, neuf portaient les cachets les plus honorablement connus et présentaient une composition conforme aux contrats. Les cinq autres ne valaient pas à beaucoup près le prix qu'ils avaient été cotés.

L'un d'eux ne contenait que 1 % de phosphate de chaux soluble dans le citrate d'ammoniaque.

Un second, vendu par un industriel de Paris, sous le nom de *phospho-guano tri-azoté*, ne devait renfermer, à son dire, que du phosphate fourni par des os et de l'azote organique et ammoniacal, à l'exclusion de phosphate fossile et d'azote nitrique. Or, voici sa composition, mise en regard de la garantie donnée par le fabricant :

	Titre réel.	Garantie.
Azote ammoniacal %	0.00	⎫ 5 à 6.00
— organique %	1.02	⎬
— nitrique %	2.96	0.00
Acide phosphorique soluble...........	5.51	8.00
— insoluble.	1.94	2 à 4.00

Non seulement l'azote n'atteint pas le chiffre de la garantie, mais il est, pour les trois quarts, à l'état nitrique, au lieu d'être ammoniacal et organique. Quant à l'acide phosphorique, il avait pour origine un phosphate fossile et non pas le squelette d'un animal. Voilà comment tiennent leurs promesses les marchands sans scrupule. Notons, qu'en général, et c'est le cas actuel, leurs prospectus réclament instamment le contrôle des stations agronomiques, dans l'espoir que cette feinte loyauté suffira pour éloigner tout soupçon de fraude de l'esprit des acheteurs.

Au moment où j'écrivais le rapport concernant les travaux du Laboratoire en 1881-82, une affaire judiciaire était pendante devant la Cour de Rennes, dont le dénouement remonte à quelques mois seulement. Un sieur Ducasse, de Bordeaux, avait vendu à un négociant de Nantes, étranger au commerce des engrais, 20,000 kilogrammes d'un produit étiqueté : *Phospho-guano, London*, avec garantie de :

Azote.................... 1,50 %
Phosphate de chaux........ 25,00

Le destinataire ayant eu, à l'arrivée de la marchandise, des inquiétudes sur la sincérité du titre annoncé, je fus chargé, par le Tribunal de Commerce de Nantes d'en vérifier l'exactitude, de concert avec deux autres chimistes. L'expertise confirma les soupçons de l'acheteur. Douze échantillons avaient été prélevés sur la totalité de l'envoi ; la moyenne de leurs analyses assignait au produit du sieur Ducasse la composition suivante :

Azote .... 1,32 %
Phosphate de chaux soluble dans l'eau.... 1,88
   —   —   — dans le citrate
d'ammoniaque 2,78
Phosphate de chaux insoluble............ 19,63
               Phosphate total........ 24,29 %

L'écart entre les chiffres représentant l'azote et le phosphate total et ceux de la garantie était trop faible pour être reproché au sieur Ducasse. Mais ce qui, dans l'espèce, constituait une fraude certaine, c'est que le phosphate de chaux fourni par lui était, pour les 4/5, insoluble dans l'eau et dans le citrate d'ammoniaque, alors que, d'après la qualification de l'engrais, il aurait dû être presque entièrement soluble, au moins dans le dernier de ces dissolvants.

La Cour de Rennes, adoptant les conclusions des experts, obligea le vendeur à reprendre sa marchandise. Mais on peut regretter qu'elle n'ait pas cru devoir punir plus sévèrement le falsificateur, dont les agissements tombaient évidemment sous l'application de la loi de 1867, comme tromperie sur la nature de la marchandise vendue.

Engrais divers.

Nitrates de potasse et de soude. — Les trois échantillons analysés renfermaient de 92 à 95 % de nitrate pur. Très satisfaisant.

Sang desséché. — Titres tous élevés : minimum, 9,81, maximum, 11,30 % d'azote.

Sulfate d'ammoniaque — Tous les échantillons contenaient plus de 20 % d'azote, c'est-à-dire une proportion voisine du maximum théorique. Ce sel est aujourd'hui, à Nantes, l'objet d'une fabrication considérable et il est généralement d'excellente qualité.

Cendres vierges. — On n'en peut dire autant de ce produit, auquel on mélange fréquemment des matières inertes. L'un des spécimens soumis à mon examen ne contenait que 0,55 % de potasse et 3,66 % de phosphate de chaux. L'analyse chimique a démontré qu'on l'avait formé de 50 % de terre environ et de cendres, dont une partie avait dû être lessivée avant son incorporation au mélange.

Charrée. — Un seul échantillon m'a été remis ; il était exempt de falsification.

Chlorure de potassium. — Un seul échantillon également, titrant 79,14 % de chlorure alcalin pur et conforme à la garantie.

Lait.

La plupart des laits analysés, pendant le dernier exercice, provenaient d'une source unique. Ils m'ont été fournis par un agriculteur désireux de se rendre compte de l'influence de la pulpe de betterave traitée par diffusion, sur la qualité du lait de vache.

Je me suis empressé de déférer au vœu qui m'était exprimé et j'ai constaté que si la pulpe de diffusion augmente la sécrétion du lait, voire même sa richesse en principes nutritifs, ainsi que cela avait été déjà observé, elle lui communique une saveur peu agréable et le prédispose à une altération très rapide. Le résumé de mes recherches sur ce point sera publié avec les résultats analytiques obtenus.

Vins.

Trois vins rouges seulement ont été envoyés à l'analyse par les agriculteurs. Tous trois étaient de médiocre qualité. Outre qu'ils avaient été énergiquement plâtrés, deux d'entre eux se trouvaient colorés artificiellement.

Le troisième, exempt de matière colorante étrangère, était, à proprement parler, une piquette. Il ne contenait que 8 % d'alcool, des traces seulement de crème de tartre et fort peu de matières extractives. Très plat à la bouche, il représentait non pas un produit alimentaire nuisible, mais une boisson n'ayant ni les qualités physiques ni les propriétés de celle dont il portait le nom.

Il est regrettable que le résultat du mouillage d'un vin très alcoolique, tels que ceux d'Espagne et d'Italie, et les liquides fermentés préparés avec le marc de vendange ou les raisins secs puissent être aussi facilement vendus comme vins naturels. Leur fabrication ne comporte assurément aucun délit et ne met pas toujours en péril la santé publique, mais le consommateur a le droit d'exiger qu'ils lui soient délivrés sous leur véritable nom, même en admettant leur innocuité parfaite. Je dois ajouter, du reste, que trop fréquemment l'hygiène est intéressée à ce qu'on entrave la substitution dont je viens de parler. Les vins artificiels, ceux de raisins secs notamment, sont tous les jours convertis en vins rouges, et cette métamorphose provoque l'usage de colorants souvent nuisibles, dont la vente se fait aujourd'hui cyniquement au grand jour. Des chimistes complaisants prêtent l'appui de leur savoir aux falsificateurs et les journaux spéciaux regorgent d'annonces éhontées, indiquant des colorants nouveaux et la limite jusqu'à laquelle on peut les employer sans qu'ils soient perceptibles à l'analyse. De pareils abus mériteraient certainement l'intervention des tribunaux.

— 21 —

Indépendamment des travaux destinés à renseigner les agriculteurs, je me suis livré, cette année, à des recherches tendant à éclaircir certains points obscurs ou litigieux en analyse chimique, en physiologie animale et en matière de falsification de produits commerciaux. Les études terminées ou sur le point de l'être sont les suivantes :

1º Action comparée des divers phosphates de chaux sur la nutrition des animaux ;

2º Influence de la pulpe de diffusion de la betterave sur la qualité du lait de vache ;

3º Recherches sur l'analyse des *phosphates fossiles* par la méthode dite *commerciale* et par la méthode *citro-uranique ;*

4º Recherches sur l'analyse du *noir animal* par la méthode dite commerciale et par la méthode *citro-uranique ;*

5º Dosage de la gomme dans les sirops ;

6º Falsification du tabac à priser.

En résumé, l'œuvre du Laboratoire départemental n'est pas stérile cette année. Si le nombre des communes qui ont réclamé son intervention n'a pas été de beaucoup supérieur à celui de l'an dernier, par contre, celui des analyses effectuées gratuitement pour les agriculteurs surpasse de 102 le chiffre de 1882.

J'attribue ce progrès à la reprise des avis donnés dans les campagnes par l'Administration départementale et aux efforts incessants que j'ai faits moi-même, pour montrer aux agriculteurs de quel intérêt il est pour eux de vérifier la sincérité de leurs marchés d'engrais. Je suis loin, toute-fois, de me tenir pour entièrement satisfait du résultat obtenu, quand je vois que plus des trois quarts des communes de la Loire-Inférieure n'ont pas bénéficié des avantages qui leur sont offerts. C'est par des sommes énormes qu'il faut représenter ce qui est extorqué chaque année, dans notre région, aux agriculteurs insouciants ou peu éclairés.

Nantes est toujours le principal marché français pour les matières fertilisantes. Le tableau suivant, qui résume le mouvement commercial des deux précédentes années, fera ressortir l'importance des transactions réalisées et présumer approximativement celle des fraudes opérées par addition de tourbe, de sable de Loire, de schistes, de scories, etc.

IMPORTATION.

1881.

Nature.	Douanes.	Chemin de fer d'Orléans.	Chemin de fer de l'Etat.	Raffineries locales.	Totaux.
Noirs, guanos, etc.	12.384.365	4.781.000	220.000	1.465.583	18.850.948
Phosphates fossiles	848.624	2.889.000	»	»	3.737.624
Totaux....	13.232.989	7.670.000	220.000	1.465.583	22.588.572

1882.

Nature.	Douanes.	Chemin de fer d'Orléans.	Chemin de fer de l'Etat.	Raffineries locales.	Totaux.
Noirs, guanos, etc.	11.141.066	6.409.000	470.000	1.814.718	19.834.784
Phosphates fossiles	15.000	5.203.000	»	»	5.218.000
Totaux....	11.156.066	11.612.000	470.000	1.814.718	25.052.784

EXPORTATION.

1881.

Nature.	Douanes.	Chemin de fer d'Orléans.	Chemin de fer de l'Etat.	Totaux.
Noirs, guanos, etc..........	5.511.268	25.413.000	3.700.000	34.624.268
Phosphates fossiles.........	»	356.000	»	356.000
Totaux...........	5.511.268	25.769.000	3.700.000	34.980.268

1882.

Nature.	Douanes.	Chemin de fer d'Orléans.	Chemin de fer de l'Etat.	Totaux.
Noirs, guanos, etc..........	326.499	25.259.000	6.200.000	31.785.499
Phosphates fossiles.........	»	192.000	»	192.000
Totaux...........	326.499	25.451.000	6.200.000	31.977.499

RÉCAPITULATION.

	1881.	1882.
Exportation	34.980.268	31.977.499
Importation	22.588.572	25.052.784
Excès exporté......................	12.391.696	6.924.715

Ainsi, en 1881 et en 1882, il a été expédié de Nantes, 12,391,696 et 6,924,715 kilogrammes d'engrais de plus qu'il n'en a été introduit dans les chantiers de la ville. Il est vrai de dire que la balance ci-dessus ne peut avoir qu'une valeur approximative. Pour la rendre exacte, il faudrait ajouter : à l'importation, les déchets d'abattoir, de tannerie, etc., qui servent à la confection d'engrais divers ; puis, à l'exportation, les livraisons considérables enlevées par le roulage et par la petite batellerie. Ces dernières l'emportent certainement sur les premières. Mais en supposant qu'elles se compensent seulement, on peut maintenir les chiffres préétablis, comme expression approchée des additions frauduleuses faites aux matières fertilisantes normales.

En présence de l'activité de la fraude, je pense, Monsieur le Préfet, qu'il y a lieu de réitérer sans interruption, aux habitants des campagnes, les communications du passé, relativement à l'utilité des analyses d'engrais, de les multiplier même et de faciliter aux plus timides et par tous les moyens possibles l'accès du Laboratoire départemental.

Dans cette intention, je vous propose de supprimer la formalité du cachet de la mairie, imposée jusqu'ici à tous les agriculteurs envoyant des engrais à mon adresse. Je me suis aperçu que, pour des raisons multiples, beaucoup d'entre eux reculent devant cette obligation et je suis disposé à accepter, à titre gratuit, tous les échantillons qui me seront expédiés par les agriculteurs sans autre précaution que l'inscription de leur nom et de leur domicile sur l'enveloppe de l'engrais.

Je vous prie, Monsieur le Préfet, de vouloir bien approuver cette simplification, convaincu qu'avant peu elle aura décuplé le nombre des analyses demandées par l'agriculture et frappé d'impuissance des fraudeurs qui, à l'heure actuelle, exercent trop paisiblement leur criminelle industrie.

Veuillez agréer, Monsieur le Préfet, l'assurance de mon respectueux dévouement.

A. ANDOUARD,
Directeur du Laboratoire départemental
de chimie agricole.

PROJET DE TRANSFORMATION

DU

LABORATOIRE DÉPARTEMENTAL DE CHIMIE AGRICOLE

DE LA LOIRE-INFÉRIEURE

EN STATION AGRONOMIQUE.

Adressé à Monsieur CATUSSE , préfet du département.

—————— •• ——————

Extrait des Annales de la Société académique de la Loire-Inférieure, 1883.

—————— •• ——————

L'éminent directeur de la station agronomique de l'Est, M. Grandeau, disait, en 1881, que la plus importante de toutes les questions qui appellent la sollicitude des pouvoirs publics est l'augmentation de la production agricole et il ajoutait :

« L'avenir de l'agriculture est tout entier lié au développement de ce programme : accroître la production du sol et, conséquemment, celle du bétail. La science seule peut tracer au praticien les voies et moyens à l'aide desquels il atteindra ce but, grand entre tous, puisque de la solution du problème dépend, au premier chef, la prospérité nationale. Les stations agronomiques sont l'intermédiaire naturel de la science et de la pratique : ce sont elles qui, s'appuyant sur des expériences faites avec la rigueur que des hommes exercés à l'application des méthodes scientifiques à l'étude des phénomènes naturels peuvent seuls conduire à bien, éclairent le cultivateur, lui indiquent les essais à tenter, les procédés à suivre pour accroître la fécondité de ses terres, les méthodes à appliquer à l'élevage et à l'alimentation de son bétail. Aux stations agronomiques est dévolue une tâche des plus fécondes, pour l'accroissement de la richesse publique d'un pays, et les Gouvernements, soucieux des intérêts de l'agriculture, ne sauraient aider dans une trop large mesure aux développements et aux travaux de ces établissements d'utilité publique, s'il en est. Quelle que soit la libéralité de l'Etat envers les stations agronomiques, les sommes qu'il consacrera à leur entretien seront couvertes mille fois par le progrès résultant de leur influence sur l'agriculture. Supposons un instant, pour rester dans une évaluation bien modeste à coup sûr, que l'application des études scientifiques des directeurs des stations à la pratique culturale amène, dans un avenir prochain, une élévation permanente d'un hectolitre de blé seulement sur le rendement moyen du sol français ; ce faible accroissement représenterait, pour les 6,850,000 hectares emblavés en 1880, une augmentation de 6,850,000 hectolitres qui, comptés à raison de 25 fr. l'hectolitre, correspondent à une plus-value de 171 millions de francs. Les 150,000 ou 200,000 fr. par an qui assureraient aux stations agronomiques une prospérité et des moyens de travail qu'elles sont loin de posséder aujourd'hui dans notre pays, représenteraient donc pour la France un placement à 1,000 pour un. »

« Quelles spéculations, quels droits soi-disant protecteurs pourraient entrer en ligne de compte avec les bénéfices que la science peut assurer à l'agriculture, si on lui en fournit le moyen ! »

Convaincu de cette vérité, le Comice agricole central du département de la Loire-Inférieure a, dans sa séance du

10 février dernier, émis le vœu qu'une station agronomique fût instituée à Nantes. Je viens, Monsieur le Préfet,
vous prier de présenter ce vœu au Conseil général, en lui
prêtant l'appui de votre compétence et de votre autorité.
Pour marquer l'importance qui s'attache à une pareille
création, permettez-moi de retenir un instant votre attention
sur les circonstances qui ont fait naître les stations et les
laboratoires agronomiques et sur les conditions de leur
fonctionnement.

La ville de Nantes a été le premier marché ouvert en
France au commerce des matières fertilisantes ; elle devait
être tout à la fois le berceau de la fraude opérée sur ces
produits et celui des institutions appelées à la réprimer.

Dès 1834, les transactions commerciales avaient pris un
tel caractère de déloyauté, que le Conseil général offrait une
récompense de 2,000 fr. à celui qui indiquerait le moyen de
démasquer les ruses des falsificateurs. Le prix n'ayant pas
été décerné, faute de concurrents, le Conseil général fit un
pas décisif, deux ans plus tard, et sollicita de l'Administration départementale une surveillance rigoureuse du commerce
des engrais. Un vérificateur fut nommé aussitôt, puis, ulté-
rieurement, un inspecteur spécial ; mais les mesures prises
restèrent incomplètes et, partant, peu efficaces. Elles ne
commencèrent à porter des fruits sérieux qu'en 1850, lorsque
le service de la vérification passa dans les mains de Bobierre.
C'est donc de ce moment que date vraiment le premier
laboratoire agronomique, bien que cette conception eût
germé 14 ans plus tôt et qu'il ait fallu ensuite une période
égale pour décider l'Administration à lui donner une existence
officielle, en le subventionnant régulièrement. Les annales
du Conseil général disent le développement rapide de ce
laboratoire et les immenses services qu'il a rendus à l'agriculture de notre région ; je n'insisterai pas sur des faits unani-

mement admis ; je rappellerai seulement que c'est à Bobierre que revient l'honneur de l'idée des laboratoires agronomiques, et au Conseil général de la Loire-Inférieure, celui de la réalisation première de cette idée.

En même temps que s'organisait en France la lutte contre la fraude, une révolution agricole importante, provoquée par d'autres considérations, s'accomplissait à notre insu en Allemagne. Sous l'influence de l'illustre chimiste Liebig, l'agriculture commençait à prêter l'oreille aux enseignements de la science et à rechercher son concours. La fécondité de cette alliance, promptement reconnue, inspira la pensée d'organiser des établissements spéciaux, où la science et la pratique associeraient constamment leurs efforts, en vue du progrès agricole. Ce fut là l'origine des stations agronomiques, dont la première fut fondée en 1851, près de Leipsig, par le Dr de Sahlis.

Les résultats obtenus dans cet établissement démontrèrent si bien son utilité, que chaque année pour ainsi dire voyait augmenter le nombre des créations analogues. En 1868, l'Allemagne et l'Autriche-Hongrie réunies comptaient déjà 28 stations agronomiques. Elles en possèdent 80 aujourd'hui, et le mouvement qui les a suscitées est loin d'être enrayé.

A l'heure présente, presque toutes les contrées de l'Europe sont dotées de stations agronomiques : la Belgique en possède 4 et s'apprête à en créer de nouvelles ; l'Italie en compte 17 ; la Suède, la Norwège, la Russie, l'Angleterre, le Danemark, en sont également pourvus et l'Espagne est à la veille de les imiter.

La France n'est pas restée en dehors de ce mouvement. La courageuse initiative de M. Grandeau a fondé, à Nancy, en 1868, la station de l'Est et l'a promptement amenée à un haut degré de prospérité. Depuis cette époque, le nombre des stations et des laboratoires agronomiques disséminés sur

notre territoire s'est élevé à 22. Mais il faut reconnaître que
ce nombre est encore trop faible et qu'à peu d'exceptions
près, nos stations sont insuffisamment outillées.

Il importe cependant d'assurer le développement de cette
institution, si nous ne voulons pas demeurer dans un état
d'infériorité regrettable vis-à-vis des nations voisines. Le
temps n'est plus où l'on pouvait nier l'utilité des recherches
spéculatives et personne ne conteste que les progrès les plus
marquants, dans toutes les industries, ne procèdent de cette
source. Si donc la marche ascendante de l'agriculture, dans
les autres pays, reconnaît pour cause avouée la création
d'établissements agricoles scientifiques, notre intérêt nous
commande impérieusement de suivre la même voie.

La valeur pratique des stations agronomiques ne pouvant
être mise en doute, il me reste à déterminer les conditions
matérielles de leur existence.

Une station agronomique se compose de deux choses dis-
tinctes :

1º Un laboratoire d'analyses chimiques et microscopiques ;

2º Un champ d'expériences affecté à des essais de culture
ou d'élevage du bétail.

Le premier a besoin d'être largement pourvu des instru-
ments nécessaires aux investigations scientifiques ; c'est de
son installation que dépend la valeur de l'établissement. Il
doit y être annexé une grande salle destinée à la conservation
d'une bibliothèque et de collections appropriées, voire même
à un enseignement agricole. Enfin, auprès du laboratoire,
il est bon d'avoir quelques ares de terre cultivable, pour les
recherches qui exigent une surveillance continuelle.

Pour être véritablement utile, cet ensemble doit être nécessairement placé au chef-lieu du département. La station
agronomique est, en effet, un foyer de renseignements de
toute nature, qu'il importe de rendre accessible à tous les

agriculteurs. On ne saurait l'établir en un autre point si l'on veut qu'elle soit assidûment fréquentée.

Quant au champ d'expériences physiologiques, il suffit qu'il présente une surface de 1 à 2 hectares, suivant les essais que l'on se propose d'y poursuivre. Il est également indispensable que ce champ soit à proximité de Nantes, afin qu'il puisse être facilement visité par tous ceux qui voudront suivre les expériences en cours d'exécution.

Les frais d'entretien d'une station agronomique ont été évalués ainsi qu'il suit par M. Grandeau :

Traitement du directeur...............	6.000	f
— du préparateur.............	2.000	
— d'un aide-préparateur........	1.200	
— d'un jardinier ou chef d'étable.	1.000	
— d'un homme de peine........	600	
Frais de laboratoire..................	4.200	
Total.......	15.000	f

Ces dépenses sont habituellement couvertes par :

Une allocation du Ministère de l'Agriculture ;

— du département ;

— des Sociétés d'Agriculture ;

Une partie du produit des analyses.

Tel est l'état actuel des choses, dans les stations antérieurement créées. Mais cet état doit être prochainement modifié. D'après les déclarations faites l'an dernier, au congrès des Directeurs de stations et de laboratoires agronomiques, par M. Tisserand, directeur général de l'Agriculture au Ministère, le Gouvernement a l'intention de prendre incessamment à sa charge toutes les stations agronomiques. Il demanderait seulement aux départements de les organiser d'une manière

complète ; or, cette organisation peut coûter, au total, environ
40,000 ou 50,000 fr., immeuble compris.

Dans ces conditions, le Conseil général de la Loire-Inférieure n'aurait à faire face qu'à une charge temporaire et
serait bientôt complètement exonéré des dépenses relatives
à la station agronomique. J'espère qu'il ne trouvera pas
cette charge trop élevée, lorsqu'il mettra en regard les services
qu'il est en droit d'attendre de l'institution nouvelle.

Notre département est riche et fertile, mais combien peu
son histoire agricole est avancée ! La nature chimique et la
valeur de son sol, le régime de ses eaux, la composition de
ses vins, l'extension dont ses cultures actuelles sont susceptibles, etc., tout est encore à déterminer. Il est manifeste
que ce n'est pas avec les ressources limitées d'un simple
laboratoire départemental, que l'on peut aborder des travaux
de cette importance.

D'un autre côté, je ne crois pas me tromper en disant
qu'il est dans la pensée du directeur général de l'agriculture de ne laisser créer que des stations régionales et de
leur faire exercer une action dirigeante sur les laboratoires départementaux avoisinants. De cette façon pourraient
être poursuivis bien plus fructueusement des travaux d'ensemble, intéressant une zone tout entière.

Il me semble qu'il appartient au département de la Loire-
Inférieure de prendre ce rôle prépondérant et de compléter
de suite l'œuvre de Bobierre demeurée trop longtemps
inachevée.

L'ANALYSE COMMERCIALE

ET

LES PHOSPHATES FOSSILES

Extrait des Annales de la Société académique de la Loire-Inférieure, 1883.

Depuis longtemps, la méthode d'essai des phosphates fossiles dite *méthode commerciale* est condamnée par tous les chimistes. L'un des premiers, Bobierre, en a démontré l'inexactitude et a demandé son abandon. Après avoir établi que le phosphate précipité par ce moyen peut contenir couramment 8 à 10 % d'alumine et d'oxyde de fer, plus 4 à 5 % de chaux en excès, il écrivait dans un de ses mémoires [1] :

« Le seul mode d'analyse convenable pour les *phosphates fossiles* est celui qui comporte la séparation de l'acide phosphorique. »

De son côté, M. Joulie, dans une remarquable étude sur le dosage de l'acide phosphorique [2], a dirigé contre l'analyse commerciale un vigoureux réquisitoire, dont je tiens à rappeler les passages suivants :

[1] *Annales de la Société académique de Nantes,* 1870, et *Annales agronomiques,* 1875.

[2] *Moniteur scientifique,* 1872.

« .... La méthode dite commerciale, à peine acceptable pour les produits d'os purs, est absolument mauvaise lorsqu'il s'agit de découvrir les falsifications dont ces produits sont l'objet et lorsqu'il s'agit d'analyser des phosphates minéraux ou les produits qui en proviennent.

» Cela est si vrai, que cette méthode détestable est devenue la sauvegarde des falsificateurs, qui ont bien soin de spécifier dans leurs marchés, que la vérification sera faite par la méthode commerciale ou par un chimiste connu pour en faire usage. »

M. Joulie rappelle alors qu'il n'est pas besoin de frauder les phosphates fossiles pour bénéficier des erreurs de l'analyse commerciale. Lors du traitement par l'ammoniaque, non seulement il se précipite de l'oxyde de fer et de l'alumine, mais il se dépose aussi un excès de chaux sous forme de carbonate, de sulfate ou de chlorure, suivant la composition des liqueurs. Puis il ajoute :

« Je crois avoir suffisamment démontré que la méthode commerciale doit être rigoureusement proscrite, parce qu'elle est essentiellement inexacte et que toutes les nombreuses chances d'erreurs qu'elle comporte sont favorables au vendeur et, par conséquent, nuisibles à l'agriculture.

» Je n'ai aucune prétention à la découverte des vices de cette prétendue méthode. Je sais qu'elle est depuis longtemps condamnée par les chimistes les plus éminents et abandonnée dans tous les laboratoires de nos grandes écoles ; cependant, elle est trop largement pratiquée pour qu'il ne soit pas indispensable de lui porter un dernier coup, surtout dans une publication destinée à combler le vide qu'elle pourrait laisser.»

En livrant cet assaut à l'analyse commerciale, M. Joulie pouvait effectivement espérer que le coup serait décisif, car il indiquait en même temps un procédé de dosage de l'acide phosphorique exact et commode, qui est rapidement entré

3

dans les usages des laboratoires agronomiques. Malgré cela, la détestable méthode est toujours debout et j'oserais presque dire que, loin de perdre du terrain, elle en gagne à mesure que s'étend le commerce des phosphates fossiles.

Le fait est regrettable et pour les acheteurs et pour les chimistes. Il expose les premiers à prendre comme phosphate de chaux des substances qui, parfois, n'en contiennent pas du tout. Il inflige aux seconds le double ennui d'être fréquemment en désaccord entre eux et celui de pratiquer une méthode ridicule au point de vue scientifique.

La région de l'Ouest de la France étant la plus inféodée à ce genre d'analyse, je suis obligé de le subir journellement. Aussi je veux à mon tour ajouter aux griefs sous lesquels il aurait dû succomber déjà, dans l'espoir qu'ouvrant enfin les yeux, agriculteurs et commerçants refuseront bientôt d'accepter ses arrêts.

Avant de critiquer la méthode commerciale, il est nécessaire de la définir, et ce premier point n'est pas sans difficultés. Théoriquement, le procédé consiste dans la dissolution d'un fossile par l'acide azotique, puis dans la précipitation du liquide par l'ammoniaque. Rien de plus simple, en apparence, que ce manuel opératoire, mais dans l'application rien de plus embarrassant, les divers chimistes qui en font usage y ayant introduit des variantes multiples, entre lesquelles on hésite à choisir au premier abord.

Bobierre, qui l'a pratiqué longtemps, le décrit de la manière suivante (1) :

« *L'essai commercial* consiste à prendre un gramme de matière réduite en poudre fine, à la porter au rouge sombre pendant quelques minutes, à introduire dans un tube bouché

(1) *Annales de la Société académique de Nantes et Annales agronomiques,* 1875.

la substance calcinée et à l'additionner de 4 ou 5 centimètres cubes d'acide azotique *concentré*. On fait bouillir pendant 4 ou 5 minutes, on étend d'eau et l'on jette sur un filtre. Celui-ci est lavé et dans la liqueur filtrée on verse un excès d'ammoniaque, puis on agite. Le précipité est recueilli sur un second filtre, lavé à l'eau bouillante et calciné. »

Dans l'article critique déjà cité, M. Joulie remplace l'acide azotique concentré par le même acide dilué.

D'autres se bornent à sécher à 100 ou 110 degrés le phosphate fossile, sans le calciner.

Il en est enfin qui font varier soit la nature, soit la proportion de l'acide employé, soit encore la durée de l'ébullition.

A première vue, ces modifications paraissent peu importantes. C'est là pourtant qu'il faut chercher la raison des discordances analytiques si fréquemment relevées.

Le chimiste qui pratique pour la première fois l'analyse commerciale est tout surpris de ne pas obtenir des chiffres semblables, pour des dosages exécutés dans des conditions qui lui paraissent identiques. Il recommence à plusieurs reprises, souvent sans plus de succès et, après un certain temps d'exercice, il finit par reconnaître que c'est le hasard qui lui donne des résultats comparables.

J'ai connu, comme les autres, ces difficultés et j'ai dû me préoccuper sérieusement de les vaincre, le jour où m'a été confiée la direction du Laboratoire départemental de la Loire-Inférieure. J'aurais pris mon parti de ne pas me trouver en parfait accord avec d'autres chimistes, si j'avais eu la certitude de suivre une voie irréprochable, scientifiquement parlant. Mais il n'en était point ainsi, et je ne pouvais me résigner à me trouver moi-même sans cesse en défaut et à délivrer aveuglément des résultats analytiques échappant à tout contrôle efficace. J'ai donc dû étudier à fond l'insidieuse méthode imposée par le commerce, afin d'en atténuer les défauts, s'il était possible, ou de la dénoncer s'il m'était démontré qu'elle ne fût pas perfectible. C'est cette étude que je vais résumer dans les pages qui suivent.

Avant moi, Bobierre avait recherché l'influence de quelques-unes des modifications apportées au *modus operandi* par lui formulé. Il admettait : que la calcination du fossile, que la substitution de l'acide chlorhydrique à l'acide azotique, que la dilution du dissolvant et la prolongation de l'ébullition peuvent changer notablement le poids du précipité donné par l'ammoniaque. Mais il n'a pas laissé de chiffres en nombre suffisant pour mesurer les différences ainsi produites ; souvent même le sens de la variation n'est pas nettement indiqué dans ses mémoires.

En répétant ses expériences, je me suis efforcé de préciser les écarts précédemment constatés et j'ai découvert de nouvelles causes perturbatrices. Le problème est beaucoup plus complexe que Bobierre ne l'avait supposé. Aux sources d'erreurs déjà indiquées, il en faut joindre d'autres relatives au volume et à la température du liquide à précipiter, aux quantités d'acide et d'ammoniaque employées, à la durée du lavage, à la nature du liquide laveur, etc., etc.

Je vais passer en revue les principales modifications, que l'on peut imprimer ainsi à l'essai commercial et déterminer expérimentalement l'importance de chacune d'elles.

Mes observations ont été faites sur des phosphates des Ardennes, du Boulonnais et du Midi. J'en ai écarté à dessein certains phosphates très alumineux, qui auraient inutilement compliqué les recherches. Il est à peine besoin de dire que la pureté de l'ammoniaque et des acides dont je me suis servi a été soigneusement vérifiée.

1° *Influence de la calcination.* — Bobierre recommandait volontiers de calciner au *rouge sombre*, pendant 5 minutes, les phosphates à traiter par l'analyse commerciale, persuadé qu'après cette opération ils cédaient aux dissolvants moins d'alumine et d'oxyde de fer et que, par conséquent, ils donnaient un titre plus voisin de la vérité.

Pour apprécier cette influence, j'ai titré divers phosphates, d'une part après les avoir séchés à 110 degrés, d'autre part, après les avoir maintenus au rouge sombre pendant cinq minutes. La dissolution et la précipitation ont été faites conformément au procédé de Bobierre, avec la seule précaution de laver toujours le précipité avec la même quantité d'eau, prise à la même température. Voici d'abord quelques titres fournis par des produits des Ardennes et du Boulonnais :

ORIGINE.	FOSSILES séchés à 100°.	FOSSILES calcinés.	DIFFÉRENCE en moins, après calcination.
Ardennes nº 1..	36,20	35,70	0,50
— nº 2..	40,30	39,30	1,00
— nº 3..	44,80	44,00	0,80
— nº 4..	48,00	47,40	0,60
Boulonnais nº 1..	50,70	49,60	1,10
— nº 2..	50,70	49,50	1,20
— nº 3..	51,50	51,00	0,50
— nº 4..	51,70	50,80	0,90

Dans toutes les analyses qui précèdent, la calcination a diminué de 1 % environ le titre commercial du fossile, suivant les prévisions de Bobierre. Mais les choses ne se passent pas généralement ainsi. Les phosphates du Midi, ceux même des Ardennes et du Boulonnais présentent, après calcination, soit un écart de titre à peine sensible, soit plus souvent

un renversement complet de l'influence ci-dessus ob-
servée. Ce dernier effet est habituellement plus marqué
sur les fossiles du Midi, ainsi que le démontrent les analyses
suivantes :

ORIGINE.	FOSSILES séchés à 100°.	FOSSILES calcinés.	DIFFÉRENCE en plus, après calcination.
Ardennes no 1..	52,30	52,70	0,40
— no 2..	51,60	51,90	0,30
— no 3..	50,40	51,60	1,20
— no 4..	50,00	51,50	1,50
Midi no 1..	50,00	53,30	3,30
— no 2..	70,20	72,40	2,20
— no 3..	47,50	49,20	1,70
— no 4..	45,60	48,00	2,40
— no 5..	31,50	36,10	4,60

Il n'y a donc rien d'absolu dans l'action de la calcination
sur le titre commercial des phosphates fossiles. L'influence
qu'elle exerce dépend surtout de la composition des produits
naturels, aussi de la température et de la durée de la calcination. On ne peut donc en prévoir, à priori, ni le sens, ni
la grandeur ; mais les faits que je viens de rapporter montrent
que, dans bien des cas, il est plutôt nuisible qu'utile d'avoir
recours à cette pratique.

2° *Influence de la nature de l'acide employé comme
dissolvant.* — L'acide affecté à l'attaque des nodules n'est
pas toujours l'acide azotique. Les vendeurs en quête de gros
titres le remplacent fréquemment par l'acide chlorhydrique.
D'autres font même usage d'eau régale, dans l'espoir d'épuiser
plus complètement encore les fossiles.

Ces changements de dissolvant sont basés sur ce que les phosphates naturels sont tous plus ou moins ferrugineux et que l'acide chlorhydrique ou l'eau régale les dépouille mieux que l'acide azotique du fer qu'ils contiennent. Le fait est vrai, lorsqu'on a bien soin de maintenir constants les autres détails de l'opération. En voici la preuve ; je la prends d'abord sur des phosphates séchés à 110°, dont voici la richesse en centièmes :

Phosphates fossiles séchés à 110°.	Acide azotique.	Acide chlorhydrique.	Eau régale.
Ardennes no 1.......	40,10	42,80	43,10
— 2.......	45,00	47,80	48,00
— 3.......	46,50	48,20	50,00
— 4......	50,20	52,00	52,30
— 5.......	51,30	52,70	52,80
Midi no 1..........	30,00	32,60	32,50
— 2..........	35,60	37,50	38,70
— 3..........	50,20	53,00	54,10

Les faits justifient donc la théorie. L'emploi de l'acide chlorhydrique ou de l'eau régale exagère les titres donnés par l'analyse commerciale et comme, d'ailleurs, ces acides ne diminuent point les défauts de la méthode, tout s'accorde à faire repousser leur substitution à l'acide azotique, lorsqu'on opère sur des phosphates seulement desséchés.

Il n'en est point autrement quand on calcine les nodules avant de les dissoudre. Quelques exemples suffiront pour l'établir.

Phosphates fossiles calcinés.	Acide azotique.	Acide chlorhydrique.	Eau régale.
Midi n° 1..............	33,40	35,60	36,60
— 2.............	35,00	38,20	38,90
— 3.............	64,00	66,70	67,20
Ardennes n° 1	44,80	49,00	49,50
— 2......	45,50	48,70	49,80
— 3......	50,60	52,90	53,50
— 4......	58,10	60,70	61,40

On remarquera que la calcination n'a rien changé au pouvoir dissolvant relatif des trois acides employés. Qu'il s'agisse donc de phosphates séchés ou de phosphates calcinés, on sera toujours plus près de la vérité en les traitant par l'acide azotique plutôt que par les autres acides; les quantités d'oxyde de fer et d'alumine enlevées aux fossiles se trouvant alors réduites à leur minimum.

Dans les essais qui vont suivre, je prendrai toujours l'acide azotique comme dissolvant, pour le motif que je viens de dire et parce qu'il est généralement adopté par les chimistes indépendants qui pratiquent l'analyse commerciale.

3° *Influence de la quantité d'acide azotique servant à la dissolution.* — Quand on voit l'infériorité relative de certains chiffres obtenus en calcinant des précipités formés dans des conditions identiques en apparence, on est tenté de croire qu'on n'a pas soustrait aux nodules tout ce qu'ils pouvaient céder. Il semble logique alors d'augmenter la proportion du dissolvant, pour assurer l'épuisement de la matière et régulariser le dosage.

Le résultat est tout l'opposé de celui que l'on attendait. A mesure que l'on accroît le volume du dissolvant, les autres conditions de l'expérience restant les mêmes, on voit diminuer le poids du précipité fourni par l'ammoniaque. Cette vérité ressort du tableau suivant, qui résume des analyses faites avec des quantités d'acide variant de 2 à 50 centimètres cubes, pour 1 gramme de phosphate à dissoudre :

ACIDE AZOTIQUE à 1,40.	PHOSPHATES DES ARDENNES					
	no 1.	no 2.	no 3.	no 4.	no 5.	no 6.
2 cent. cubes	47,10	44,00	46,00	44,50	50,00	51,70
5 —	46,20	38,30	45,50	43,30	48,80	50,20
10 —	45,30	37,20	43,50	42,60	47,90	49,10
20 —	43,40	36,50	42,80	41,60	47,50	48,90
30 —	42,70	35,10	42,40	40,20	46,70	47,40
40 —	41,20	34,60	40,90	39,30	46,00	46,60
50 —	39,80	33,70	39,80	38,50	45,60	45,30

Il y a lieu de reconnaître que les essais qui précèdent ont été poussés jusqu'à une limite qui sort complètement du *modus faciendi* habituel. Mais en ne considérant que les trois premiers chiffres du tableau, on rentre, au contraire, dans les conditions de la pratique générale et l'on voit que des écarts de 2 % et plus correspondent à l'augmentation de poids du dissolvant.

Si le titre s'est abaissé à mesure que s'élevait le volume de l'acide, c'est vraisemblablement par suite de la formation de quantités croissantes d'azotate d'ammoniaque, qui est, on le sait, un dissolvant efficace du phosphate de chaux.

On peut, d'un autre côté, s'assurer facilement que le résidu du traitement de 1 gramme de phosphate fossile par 2 centimètres cubes d'acide azotique est dépouillé de presque tout élément soluble. Il suffit pour cela de lui faire subir un deuxième traitement semblable au premier, avec la même quantité d'acide, et de précipiter le liquide par l'ammoniaque. On recueille quelques centigrammes seulement d'alumine et d'oxyde de fer, dont le total ne modifie pas sensiblement le premier titre obtenu.

La conclusion à tirer de ces faits est donc, qu'en augmentant le poids du dissolvant on diminue celui du précipité complexe donné ensuite par l'ammoniaque.

4° *Influence de la quantité d'ammoniaque employée à la précipitation.* — Pour apprécier cette influence, en dehors de toutes les autres, j'ai préparé des solutions de phosphates fossiles avec le minimum d'acide azotique possible. Prenant alors de ces solutions la quantité correspondant à 1 gramme de nodules, je l'ai étendue du même volume d'eau, dans toutes les expériences, et j'ai précipité le mélange par des proportions d'ammoniaque de plus en plus élevées. Le résultat était ici l'inverse de ce qu'il s'est montré dans le cas précédent.

AMMONIAQUE.	PHOSPHATES FOSSILES.				
	No 1.	No 2.	No 3.	No 4.	No 5.
Neutralisation exacte.......	45,00	46,70	47,00	47,40	48,00
5cc..................	47,20	49,90	48,50	49,50	50,00
10	48,30	50,50	49,00	51,50	50,40
15	48,90	50,60	49,40	51,70	50,90
20	50,30	50,60	50,00	52,00	51,00
30	50,70	50,70	50,50	52,20	51,20
40	51,00	50,90	50,80	52,45	51,30
50	51,20	51,00	51,20	52,50	51,20
Écart maximum..........	6,20	4,30	4,20	5,10	3,20

La comparaison des deux premières colonnes horizontales de ce tableau démontre, que si l'on se borne à neutraliser exactement les solutions des fossiles, on y laisse de 2 à 3 % d'éléments insolubles dans les liqueurs franchement alcalines. Il ne suffit donc pas de saturer l'acide qui retient en dissolution le phosphate de chaux; il faut employer un excès d'ammoniaque, mais il n'est pas nécessaire non plus que cet excès soit considérable pour produire une élimination complète.

A la vérité, le poids du précipité s'élève toujours en même temps que la quantité d'ammoniaque servant à le former. Mais, d'une part, les différences deviennent de plus en plus faibles et même, dans bien des cas, elles sont nulles lorsque le volume de l'ammoniaque employée dépasse 20 centimètres cubes. D'un autre côté, ces différences sont alors imputables, pour une partie au moins, à l'acide carbonique de l'air et, par conséquent, il y a lieu de les éviter soigneusement.

Quand on n'a pas fait intervenir une trop grande proportion d'acide pour attaquer les phosphates fossiles, et les essais consignés à la page 54 établissent que cette proportion est comprise entre 2 et 3 fois le poids de la substance à dissoudre, il suffit de 5 centimètres cubes d'ammoniaque pour obtenir une précipitation complète. Il est inutile d'en employer davantage.

5° *Influence de la dilution de l'acide.* — On pourrait être tenté de croire, *a priori,* que plus l'acide sera concentré, plus la dissolution qu'il fournira sera chargée, plus, par conséquent, sera important le précipité ammoniacal. L'expérience contredit cette présomption: le précipité le plus faible répond à l'emploi de l'acide azotique concentré, et son poids augmente avec la dilution de l'acide, ainsi qu'on peut le voir ci-dessous:

	Midi.		Ardennes.		Boulonnais
Acide pur	29.20	35.50	46.50	48.20	49.00
— + 1 vol. d'eau.	29.80	36.40	47.30	49.00	50.30
— + 2 —	30.00	37.00	48.80	49.40	50.80
— + 4 —	30.40	37.80	50.00	50.20	51.20
— + 6 —	31.10	38.10	49.90	50.60	51.70
— + 8 —	31.50	38.20	49.80	50.70	52.40
Ecart maximum.........	2.30	2.70	3.30	2.50	3.40

Le sens des variations imprimées par la dilution est toujours le même, il représente une progression ascendante, très marquée dans les premiers chiffres du tableau, et qui diminue un peu ensuite, lorsqu'on ajoute de grandes quantités d'eau.

Mais il y a autre chose ici qu'une augmentation de poids pure et simple; il y a une transformation du précipité, dont la composition chimique change graduellement avec la dilution. La solution préparée avec l'acide concentré est très ferrugineuse et fournit un précipité ocreux, qui reste brun foncé après calcination. A mesure que l'on étend d'eau le dissolvant, le liquide phosphatique obtenu est de moins en moins coloré; il en est de même du précipité ammoniacal avant et après calcination.

Ces modifications tiennent à la diminution de l'oxyde de fer et à l'augmentation de la proportion de la chaux dans la dissolution. D'où il résulte ce fait singulier, en apparence, que le poids du résidu argileux insoluble croît en même temps que celui du précipité ammoniacal. Il croît, parce que l'acide étendu attaquant moins aisément l'argile que ne le fait l'acide concentré, lui enlève moins d'oxyde de fer. Celui du précipité

augmente également, parce que l'acide faible dissout autant
de chaux que s'il n'était pas dilué et qu'un excès de celle-ci
se précipite en même temps que le phosphate tricalcique.

La preuve expérimentale de ce fait ressort des analyses
suivantes:

Acide.	Acide phosphorique.	Chaux.
Concentré......................	21.37	28.80
— + 1 volume d'eau....	21.37	29.80
— + 2 —	20.40	30.20
— + 3 —	20.22	30.80
— + 4 —	20.14	32.00

Ainsi, l'acide phosphorique diminue légèrement, tandis que
la chaux augmente dans des proportions très notables, lorsqu'on fait bouillir les phosphates fossiles avec de l'acide
étendu d'eau. Toutefois, la diminution de l'acide phosphorique
n'est pas une conséquence inévitable de la dilution de
l'acide. On peut l'éviter en prolongeant l'ébullition, pour com-
penser la moindre activité du dissolvant.

Les variations de l'oxyde de fer ne figurent pas au tableau
ci-dessus, les chiffres qui les exprimaient s'étant trouvés
égarés. Mais elles sont très régulières et toujours inverses de
celles de la chaux.

6° *Influence de la durée de l'ébullition.* — Il n'est pas
indifférent de faire chauffer la prise d'essai juste le temps
nécessaire à la dissolution, ou de continuer l'action de l'acide
bouillant. Règle générale et en restant toujours dans les
conditions d'expérience prescrites par Bobierre, c'est-à-dire
en se servant d'*un excès d'acide azotique concentré* comme

dissolvant, on voit diminuer la proportion du précipité ammoniacal, lorsqu'on augmente la durée de l'ébullition.

Mais quand on a soin de prendre assez peu d'acide pour qu'il n'en reste pas en excédant, à la fin de l'opération, le titre s'élève faiblement et d'une manière généralement constante. Voici la moyenne de ces effets inverses :

Durée de l'ébullition.	Ardennes.		Midi.	
Avec excès d'acide.				
5 minutes............	50.00	44.30	35.60	70.10
10 —	49.70	43.90	35.00	69.80
15 —	49.20	43.50	34.80	69.40
20 —	48.90	43.00	34.50	69.30
Sans excès d'acide.				
5 minutes............	46.50	48.60	29.80	48.40
10 —	47.00	49.10	30.50	49.00
15 —	47.30	49.50	30.70	49.30
20 —	47.60	49.60	31.00	49.80

Remplaçons maintenant l'acide concentré par de l'acide étendu d'eau. Dans ce cas, le poids du précipité ammoniacal augmente régulièrement avec la durée de l'ébullition et il semble acquérir un maximum pour un degré de dilution déterminé.

Durée de l'ébullition.	Quantités d'eau ajoutées à l'acide représentant				
	1 vol.	2 vol.	4 vol.	6 vol.	8 vol.
Phosphates du Midi.					
5 minutes.	29.80	29.70	29.90	28.70	29.20
10 —	30.50	30.20	30.80	29.80	30.00
15 —	30.90	31.50	32.00	30.90	31.10
20 —	32.80	33.30	32.70	31.30	30.90
Phosphates des Ardennes.					
5 minutes.	47.30	48.80	49.90	49.90	49.80
10 —	49.80	49.70	50.00	49.80	49.70
15 —	50.00	50.20	51.70	50.60	50.50
20 —	49.80	51.30	52.00	50.50	50.80

Si l'on parcourt le tableau dans le sens vertical, on voit que, pour chaque degré de dilution, le titre croît d'une manière presque constante avec la durée de l'ébullition du liquide.

La lecture dans le sens horizontal semble indiquer que, pour un même temps de chauffe, le poids du précipité s'élève, en général, jusqu'à ce que le volume d'eau soit quatre fois plus grand que celui de l'acide.

Il ne faudrait pas, toutefois, admettre un maximum absolu correspondant à ce degré de dilution. Si les chiffres s'abaissent un peu dans les colonnes représentant l'action de l'acide étendu de six et de huit fois son volume d'eau, cela tient principalement à la lenteur avec laquelle l'acide ainsi affaibli attaque les phosphates fossiles, aussi bien qu'à la difficulté de le maintenir en ébullition régulière, les soubresauts qui se produisent alors obligeant à interrompre fréquemment le chauffage.

Pour ces motifs, on peut dire que le titre commercial d'un

phosphate fossile augmente avec la durée de l'ébullition, lorsque le dissolvant est étendu de 1 à 8 fois son volume d'eau, quel que soit, dans ces limites, le degré de la dilution.

7° *Influence de la température du liquide à précipiter.* — Le manuel opératoire indiqué aux différentes sources où j'ai pu puiser ne dit point quelle doit être la température du liquide, au moment de la précipitation. Le détail a pourtant son intérêt.

En effet, le phosphate de chaux tribasique est légèrement soluble dans l'eau froide, et M. Bourgoin a démontré, que l'eau à 100° le dissocie très rapidement. D'un autre côté, j'ai déjà eu l'occasion de rappeler que les sels ammoniacaux sont, pour ce composé, des dissolvants encore plus actifs que l'eau pure. Or, il ne faut pas oublier que, pendant l'essai commercial, il se forme une quantité notable d'azotate d'ammoniaque, dans le milieu où l'on opère la précipitation.

Qu'elle soit basse ou élevée, la température de ce milieu devra donc nécessairement provoquer la dissolution d'une certaine quantité de phosphate de chaux. Si l'addition de l'ammoniaque est faite dans un liquide froid, celui-ci présente le minimum d'action ; mais le phosphate précipité, très volumineux dans ce cas, est bien plus sensible à son influence. La saturation a-t-elle lieu à la température de 100°, le phosphate est beaucoup plus condensé, partant, moins attaquable, mais la solution qui le baigne étant bouillante, a plus d'énergie pour le dissocier. Dans tous les cas, il y aura donc dissolution, par le liquide ambiant, d'une partie du phosphate de chaux précipité. Reste à savoir de quel côté sera le maximum.

Pour le déterminer, j'ai préparé, dans les mêmes conditions, des solutions de nodules de richesses variées. J'ai prélevé de chacune d'elles des quantités représentant un gramme de matière première et je les ai amenées, par addition d'eau distillée, *au volume de* 200 *centimètres cubes.* La moitié des solutions ont été saturées par l'ammoniaque, à froid, l'autre moitié à l'ébullition. Les résultats n'ont pas été les mêmes dans les deux cas :

	Précipitation à 100°	Précipitation à froid.	Différence.
Phosphate n° 1.....	28.50	26.80	1.70
— 2.....	49.00	48.10	0.90
— 3.....	50.00	48.40	1.60
— 4.....	50.90	49.20	1.70
— 5.....	51.20	49.50	1.70
— 6.....	51.30	49.80	1.50
— 7.....	51.50	50.30	1.20
— 8.....	52.00	50.20	1.80
— 9.....	52.40	51.00	1.40
— 10.....	59.30	57.70	1.60

Ainsi, en précipitant le phosphate dans un volume de 200 centimètres cubes, on augmente de 1 à 1,50 °/o en moyenne le poids du précipité, quand on opère à la température de 100°. Lorsque la balance accuse une action de l'eau bouillante inverse de celle-ci, cela tient à l'intervention d'une cause secondaire quelconque. En se plaçant strictement dans les mêmes conditions, on a toujours des effets parallèles à ceux-ci. Ce qui revient à dire que l'influence décomposante de la solution saline, au milieu de laquelle le précipité prend naissance, est d'autant plus efficace que la température du liquide est moins élevée.

8° *Influence du volume du liquide à précipiter.* — Ce qui vient d'être établi, relativement à l'action de l'eau sur le phosphate calcique, conduit naturellement à supposer qu'on peut atténuer l'énergie de ce dissolvant en lui présentant le composé à un état de contraction suffisant.

Effectivement, l'expérience démontre que, froide ou bouil-.

lante, l'eau décompose moins fortement le précipité qui occupe un petit volume que celui dont la densité est très faible.

Pour obtenir ce précipité dans les meilleures conditions, j'ai recours à un artifice très simple. Je fais la dissolution des phosphates fossiles au titre de 5 %, de telle sorte que 20 centimètres cubes représentent un gramme de nodules. Dans ce liquide je verse, à froid, 5 centimètres cubes d'ammoniaque et j'agite en imprimant au vase à précipiter un mouvement de rotation rapide.

Le phosphate, formé dans un si petit volume d'eau, perd très promptement, par l'agitation, son état gélatineux initial et devient, sinon pulvérulent, du moins très dense. Je le délaie alors dans un même volume d'eau froide ou d'eau bouillante et je le lave, comme à l'ordinaire, par décantation d'abord et en dernier lieu sur le filtre. Le rendement de l'opération est toujours plus fort quand on le pratique dans ces conditions, soit à chaud, soit même à froid.

PRÉCIPITATION A FROID.			PRÉCIPITATION A 100°.		
Volume du liquide à précipiter.		Différence.	Volume du liquide à précipiter.		Différence.
200cc.	20cc.		200cc.	20cc.	
45.80	47.40	1.60	46.50	49.00	2.50
46.70	48.15	1.45	47.20	50.00	2.80
48.90	49.80	0.90	48.00	50.60	2.60
50.50	51.50	1.00	48.40	50.80	2.40
50.80	52.00	1.20	49.30	51.60	2.30
50.90	52.45	1.55	49.50	52.30	2.80
51.00	51.70	0.70	48.70	51.30	2.60
51.50	52.00	0.50	49.70	52.60	2.90
51.90	52.60	0.70	50.20	52.80	2.60
52.00	52.75	0.75	51.00	53.20	2.20

Plusieurs enseignements se dégagent de ce tableau. Tout d'abord, le liquide salin au milieu duquel se fait la précipitation agit beaucoup plus efficacement sur le précipité volumineux formé dans un volume total de 200 centimètres cubes, que sur le composé plus dense obtenu dans 20 centimètres de liquide seulement. D'où la faiblesse des titres correspondant à ce volume, comparés à ceux de la colonne suivante, aussi bien pour la précipitation à froid que pour la précipitation à 100°.

En second lieu, les écarts des deux séries d'expériences sont plus considérables dans le cas de la précipitation à 100°. Ils atteignent alors en moyenne 2,70 %, tandis que si la précipitation a été faite à froid, ils se tiennent dans le voisinage de 1 %, sans dépasser 1,60 % au maximum.

Ceci prouve une fois de plus, que l'eau bouillante dissocie plus facilement le phosphate de chaux gélatineux que le phosphate contracté, bien qu'ici l'état gélatineux ne persiste que pendant un temps très court.

En outre, la distance plus faible qui sépare l'un de l'autre le poids des deux précipités formés dans une liqueur froide, tient sans doute à la difficulté de laver complètement le phosphate de chaux gélatineux, qui retient alors une partie des sels solubles de la dissolution, particulièrement du chlorure de calcium.

Il est encore une remarque digne d'attention. Quand on répète l'analyse commerciale, sur le même phosphate, on s'aperçoit que les différences présentées par les titres des opérations successives sont minima, lorsque la précipitation par l'ammoniaque a été faite dans un petit volume de liquide. Je reviendrai tout à l'heure sur l'importance de ce détail.

9° *Influence de la température et de la quantité d'eau employée au lavage du précipité.* — Ce n'est point assez de s'astreindre à dissoudre les phosphates fossiles, puis à les précipiter dans des conditions rigoureusement identiques. Il faut encore laver le précipité avec un volume d'eau constant, si l'on veut obtenir un peu de concordance dans les résultats analytiques. Bien entendu, ce volume doit être toujours suffisant pour débarrasser le produit des sels solubles dont il est imprégné.

Lorsqu'on opère avec soin, il est inutile de remplir d'eau plus de deux fois le filtre qui contient le précipité, pourvu toutefois que ce filtre soit proportionné au volume du phosphate qu'on y a introduit. En admettant qu'on ait employé plus de liquide, voici les erreurs auxquelles on est exposé. Je suppose la précipitation effectuée dans un volume de 200 à 250 centimètres cubes de liquide :

Lavage à l'eau froide.		Différence.	Lavage à l'eau bouillante.		Différence.
50cc.	300cc.		50cc.	300cc.	
29.50	29.00	0.50	28.80	28.00	0.80
35.40	34.80	0.60	34.60	33.60	1.00
40.20	39.50	0.70	39.40	38.80	0.60
45.10	44.30	0.80	44.00	43.50	0.50
47.70	46.60	1.10	47.10	46.10	1.00
50.00	48.80	1.20	49.60	48.80	0.80
50.50	49.50	1.00	49.90	48.70	1.20
51.60	50.80	0.80	50.20	49.50	0.70

L'effet indiqué par le tableau qui précède est invariable, le titre diminue quand augmentent la température et le volume de l'eau de lavage. Il diminue, parce que la soustraction des sels solubles est plus complète et parce que l'action dissociante de l'eau est en harmonie avec la quantité de liquide passant sur le précipité.

Ici encore l'eau bouillante se montre plus active que l'eau froide. Elle n'est pourtant point à 100° quand elle touche le phosphate à laver ; elle se refroidit notablement au contact du filtre et de son contenu, et c'est tout au plus si elle atteint, au moment du contact, une température de 70°. Pour contrebalancer le désavantage résultant de son action dissolvante sur le précipité, il faut noter qu'elle accélère les opérations et rend les lavages plus parfaits, aussi est-elle préférable à l'eau froide dans tous les cas.

10° *Influence de la nature du liquide laveur.* — On ne trouve nulle part d'indication bien précise sur la nature du liquide qui convient le mieux pour le lavage des phosphates précipités. Bobierre et M. Joulie disent, sans détail, qu'il faut opérer ce lavage avec de l'eau bouillante. Je me suis demandé si l'eau ammoniacale n'offrirait pas quelques avantages, en s'opposant, partiellement au moins, à la dissociation du phosphate de chaux. Je l'ai employée, à froid seulement, sur le phosphate gélatineux et sur le phosphate condensé que donne la précipitation sous un petit volume.

Dans le premier cas, le lavage a été pratiqué sur le filtre, ainsi que le faisait toujours Bobierre. Le procédé est critiquable, puisqu'il s'agit d'un précipité gélatineux ; mais je devais me conformer aux usages généralement suivis.

Lorsqu'au contraire j'ai opéré sur du phosphate de chaux contracté, je l'ai lavé par décantation. Ici, du reste, le lavage sur le filtre serait admissible, tant il est facile et rapide. Je laisse maintenant parler les faits :

Lavage avec		Différence.	Lavage avec		Différence.
eau ammoniacale.	eau pure.		eau ammoniacale.	eau pure.	
33.70	34.40	0.70	25.80	26.90	1.10
35.00	35.50	0.50	36.80	37.70	0.90
36.50	37.80	1.30	41.30	42.00	0.70
40.80	41.60	0.80	45.90	47.00	1.10
45.60	46.20	0.60	49.60	50.10	0.50
48.80	49.70	0.90	51.30	51.90	0.60
48.80	51.00	1.20	52.00	53.20	1.20
57.70	58.50	0.80	72.30	73.10	0.80

Ce qui frappe dans ce relevé, c'est que le lavage à l'eau ammoniacale est plus préjudiciable à l'intégrité du précipité, que le lavage à l'eau pure. Les différences constatées ne sont pas considérables, il est vrai ; cependant elle dépassent toujours 0,5 % et, dès lors, elles ne sont pas négligeables.

Conclusions. — Je viens de passer en revue les principales causes susceptibles d'entacher d'erreur l'analyse commerciale. Il s'en faut, toutefois, que j'aie épuisé le sujet. J'ai laissé dans l'ombre, à dessein, tout un groupe d'influences tenant à la variété de composition des nodules.

Ceux-ci ne se comportent pas tous, en effet, de la même manière, vis-à-vis des éléments de perturbation que j'ai signalés. Les nodules pauvres en phosphate de chaux subissent des modifications de même ordre que celles des nodules riches, dont elles ne diffèrent que par une intensité généralement plus marquée. Mais quand les fossiles sont très ferrugineux, quand surtout l'alumine y est en proportion importante ou mieux encore prédominante, les phénomènes changent de sens et ce qui précède ne s'y applique plus intégralement.

Si j'ajoute qu'en combinant deux à deux, trois à trois, etc., etc., les causes perturbatrices précédemment énumérées, on fait encore dévier les résultats de l'analyse commerciale, j'aurai laissé pressentir combien sont multiples les chances d'erreur que comporte cette triste méthode.

Le courage m'a manqué pour suivre à sa dernière limite et dans tous ses détails une étude à peu près dénuée d'intérêt scientifique, au point de vue que je voulais conserver. Si j'ai pris à tâche de relever les défauts les plus criants de l'essai commercial, c'est dans l'espérance de persuader aux plus aveugles, qu'un procédé analytique sensible à tant et à de si minimes influences, doit être absolument abandonné. Il n'offre sécurité à personne. Chaque jour il est le point de départ de conflits commerciaux inévitables, parce que les chimistes les plus consciencieux sont dans l'impossibilité de marcher d'accord sur un terrain aussi mouvant.

On s'obstine à conserver ce moyen de contrôle parce que, dit-on, il donne aux phosphates fossiles des titres élevés, qui séduisent l'acheteur et favorisent les transactions.

Cette raison est mauvaise et j'ajoute qu'elle n'est pas seule à maintenir les commerçants dans leurs errements regrettables. Plus d'un parmi eux cache sous ce motif, à demi avouable, le désir de substituer aux nodules des produits qui ne contiennent pas de phosphate de chaux, mais qui, cédant aux acides un mélange alumino-ferrugineux précipitable par l'ammoniaque, simulent les fossiles à l'analyse commerciale.

Dans le rapport adressé cette année à M. le Préfet de la Loire-Inférieure, j'ai consigné le fait du chargement entier d'un navire vendu comme phosphate de chaux et qui n'en

contenait pas une trace. Voilà le danger auquel on s'expose
en acceptant la vérification des marchés de phosphates
fossiles par l'essai commercial. Et il ne faut pas oublier
que des vols de ce genre sont commis impunément tous les
jours.

La prolongation indéfinie du règne de ce moyen de contrôle
empirique serait une véritable faute, et tous ceux qui s'inté-
ressent à l'agriculture doivent s'efforcer d'en hâter la fin.

Aujourd'hui, les laboratoires agronomiques travaillent à
l'envi à faire comprendre aux agriculteurs, que le titre
commercial d'un phosphate fossile est un mirage destiné à
entretenir chez eux les plus dangereuses illusions. Pour ma
part, je ne délivre plus un seul bulletin portant la vérification
d'un marché par l'essai commercial, sans mettre en regard
du titre ainsi obtenu, le titre réel du produit en phosphate
de chaux pur.

En me condamnant à ce supplément de travail, je poursuis
deux buts : rendre la fraude impossible et faire pénétrer
dans nos populations rurales cette vérité : que *la seule
manière rationnelle d'acheter les nodules est de baser
exclusivement le contrat sur la richesse en acide phosphorique.* L'éducation des intéressés se fera peut-être pénible-
ment ; il est impossible, toutefois, que l'on ne se rende pas
à l'évidence et qu'on persiste follement dans une voie aussi
funeste à l'agriculture.

Mais si l'essai commercial doit cesser de régler les transactions de marchands à cultivateurs, rien n'empêche qu'il
ne continue à renseigner les premiers sur leurs opérations
mutuelles. Il est expéditif, partant commode pour des vérifications *par à peu près,* telles que celles qui se font sur les
lieux d'extraction. Dans le cas où il serait conservé pour ce
but spécial, j'engage, afin d'éviter des mécomptes aussi

sérieux que ceux de l'heure actuelle, à le pratiquer *rigoureu-sement* dans des conditions telles que les suivantes :

1° Dissoudre un gramme de phosphate fossile dans un mélange de 2 à 3 centimètres cubes d'acide azotique et de 10 centimètres cubes d'eau, en cessant de chauffer dès que le sable apparaît entièrement dépouillé de la substance soluble qui l'enveloppait ;

2° Filtrer la solution sur un très petit filtre, qu'on lavera avec le moins d'eau possible, de manière à n'avoir en tout que 25 à 30 centimètres cubes de liquide au plus ;

3° Verser dans la solution acide 5 centimètres cubes d'ammoniaque, agiter vivement le mélange pendant quelques secondes et le délayer avec 200 centimètres cubes *d'eau bouillante ;*

4° *Aussitôt* le liquide complètement *éclairci,* le verser sur un filtre, en décantant avec soin pour ne pas y laisser tomber le précipité ;

5° Délayer le précipité avec 50 centimètres cubes d'eau bouillante, jeter le tout sur le filtre et rincer le vase qui a servi à la précipitation avec une égale quantité d'eau chaude, qui suffira pour le lavage du filtre ;

6° Sécher le filtre et son contenu, calciner au rouge vif et peser. Le poids obtenu, diminué de celui des cendres du filtre, que l'on aura déterminé d'avance en calcinant un papier de même dimension, représentera le poids du *phosphate de chaux,* de l'*alumine,* de l'*oxyde de fer* et de la *chaux* en excès précipités par l'ammoniaque. En le multipliant par 100, on aura le titre centésimal du produit.

Quel que soit le soin apporté à la pratique de l'essai commercial ainsi régularisé, il ne faut point prétendre en obtenir de sérieux services. Ce mode analytique sera toujours défectueux. En donnant à son sujet les indications qui précèdent, je n'ai d'autre dessein que de réduire à 1 %

environ les erreurs dont il est susceptible et qui oscillent actuellement entre 3 et 5 %. Mais je tiens à répéter, en terminant, qu'à mon sens il ne doit pas franchir le cercle des relations de commerçant à commerçant.

Conclusions.

1° L'*analyse* dite *commerciale,* appliquée au dosage des phosphates fossiles, est triplement vicieuse :

Elle est incertaine dans ses résultats ;

Elle surcharge de 8 à 12 % le titre réel des produits ;

Elle ne permet point de soupçonner la fraude.

2° Son usage est, par conséquent, très préjudiciable aux intérêts des agriculteurs. Il faut y renoncer sans retour.

3° Enchaînés par la routine, les extracteurs de phosphates naturels et les négociants la conserveront probablement longtemps encore, malgré les ennuis qu'elle ne manquera pas de leur occasionner.

Ils pourront atténuer ses défauts en l'enfermant étroite-dans les limites d'un manuel opératoire invariable. Mais ils feront bien de se souvenir qu'elle ne restera pas moins une détestable méthode de contrôle, dont le principal défaut sera de dissimuler toutes les supercheries.

L'ANALYSE COMMERCIALE

ET

LE NOIR ANIMAL

––––––––– ·· –––––––––

Extrait des Annales de la Société académique de la Loire-Inférieure, 1883.

––––––––– ·· –––––––––

Il est de préjugé général, que l'essai commercial peut, sans inconvénient, servir à l'appréciation de la richesse des noirs en phosphate de chaux.

Bobierre professait cette opinion. Il l'a exprimée à diverses reprises et notamment dans un travail dont voici les conclusions (1) :

« La méthode d'essai commercial adoptée généralement *pour les produits osseux* peut être conservée.

» Les erreurs de cette méthode sont très faibles pour le noir animal pur ; elles ne deviennent un peu marquées que pour les noirs très usés, les noirs de lavage, etc. Or, l'avantage de la rapidité d'examen l'emporte, en pareil cas, sur les inconvénients scientifiques du mode analytique. Ces

––––––

(1) *Annales de la Société académique de Nantes*, 1870.

inconvénients disparaissent d'ailleurs si l'acheteur et le vendeur conviennent que leurs prix seront fixés d'après les chiffres obtenus en faisant l'essai par l'ammoniaque.

» L'emploi d'ammoniaque impur, les lavages à trop grande eau, le contact prolongé de l'air, doivent être évités avec soin lorsqu'on précipite le phosphate tribasique par l'ammoniaque.

» A ces conditions, les faibles erreurs du procédé seront toujours comprises dans les mêmes limites. »

Bobierre reconnaît, toutefois, que certaines précautions sont nécessaires à prendre dans le titrage commercial des noirs. Mais il estime que, ces précautions prises, la méthode est valable dans ce cas particulier.

A priori, ce jugement m'a toujours paru un peu trop favorable à l'analyse commerciale. Il y a longtemps que Berzélius a démontré que la chaux donne aisément, avec l'acide phosphorique, des composés basiques, dont la formation est inévitable dans le titrage des noirs.

Effectivement, en se plaçant dans les mêmes conditions que l'illustre chimiste suédois, M. Joulie a précipité du phosphate tribasique dans une liqueur contenant un excès de chaux. Il a constaté ensuite que le phosphate avait entraîné du carbonate de chaux et du chlorure de calcium, dans une proportion telle que leur présence créait une surcharge de 17 %.

Il n'en faut pas davantage pour prouver que l'essai commercial ne doit pas plus être appliqué à l'analyse des noirs qu'à celle des phosphates fossiles.

Les expériences répétées que j'ai faites moi-même au Laboratoire départemental de la Loire-Inférieure m'ont convaincu de cette vérité. Quelques chiffres pris au hasard dans le registre de l'année courante serviront de témoignage irrécusable à cette affirmation :

Analyse commerciale.	Analyse exacte.	Différence.	Analyse commerciale.	Analyse exacte.	Différence.
41,50	37,72	3,78	61,20	56,98	4,22
44,50	40,10	4,40	61,50	58,46	3,04
45,20	40,69	4,51	62,20	57,72	4,48
46,50	40,65	5,85	62,30	58,10	4,20
52,00	47,28	4,72	67,50	64,35	3,15
55,50	51,04	4,46	68,50	64,45	4,05
58,50	55,49	3,01	68,50	62,89	5,61
58,80	56,98	1,82	69,00	65,12	3,88
60,30	55,49	4,81	71,20	67,62	3,58
60,60	55,26	5,34	75,00	72,21	2,79
60,70	56,01	4,69	76,20	73,40	2,80
61,00	57,18	3,82	77,00	74,50	2,50

Toutes ces vérifications ont porté sur des noirs de bonne qualité, provenant soit des raffineries de Nantes, de Marseille, de Bordeaux, de Lisbonne ou d'Amsterdam, soit des sucreries du Nord. La distance qui sépare les analyses de ces noirs est loin d'être insignifiante ; elle dépasse de beaucoup l'écart de 1 %, qui forme la moyenne différentielle des essais comparatifs rapportés par Bobierre.

L'habileté bien connue de mon regretté prédécesseur ne saurait être suspectée ici ; la méthode analytique dont il faisait usage est seule en cause. Il avait adopté la précipitation par le bismuth, conseillée par Chancel. Or, ce moyen est inexact quand le liquide à précipiter contient des sulfates, des chlorures, du fer ou de l'alumine. Il y a toujours erreur par excès, dans ces conditions.

C'est là ce qui explique le peu d'importance qu'attachait Bobierre à la présence de la tourbe dans le noir animal, au point de vue de son influence sur le dosage exact du phosphate de chaux (¹) :

« Que dire des tourbes mélangées au noir de raffinerie, sinon que le précipité ammoniacal fourni par leurs cendres s'élève seulement à 3 ou 4 % et que, par conséquent, si, chose rare, il s'en trouve 20 % en poids dans les mélanges de noir animal vendus à l'hectolitre, on ajoutera ainsi *un pour cent* environ de matière alumineuse au phosphate précipité par l'ammoniaque. »

A l'appui de son opinion, Bobierre cite deux ou trois noirs additionnés de tourbe, présentant entre leur titre commercial et leur titre exact un écart maximum de 2,1.

Son appréciation est au moins discutable. Il n'est malheureusement pas rare de voir mélanger au noir animal, non seulement 20, mais 30, 40, 50 % et même plus de tourbe pulvérisée. D'un autre côté, on ajoute fréquemment à cet élément de fraude des phosphates fossiles, voire même des produits non phosphatés, mais qui donnent un titre respectable à l'essai commercial. Ces mélanges se trahissent par des différences analytiques bien plus accentuées encore que celles dont je viens de parler. En voici quelques exemples, parmi les plus saillants :

Analyse commerciale.	Analyse exacte.	Différence.
17.50	7.60	9.90
27.00	20.18	6.82
36.40	25.14	11.26
45.60	33.46	12.14
51.00	42.18	8.82
52.70	37.72	14.98
59.00	52.57	6.43
60.60	53.26	7.34
62.30	55.49	6.81

(¹) *Loco citato.*

Point de doute, par conséquent; les défauts de la méthode commerciale se font sentir pour les noirs comme pour les phosphates fossiles, bien qu'à un moindre degré. En outre, ils retrouvent toute leur intensité, quand au noir on a mélangé de la tourbe ou un produit minéral soluble dans les acides et susceptible d'être précipité par l'ammoniaque.

L'analyse en question ne peut donc mettre sur la trace des fraudes que l'on fait subir au noir animal, deuxième motif pour cesser de l'appliquer à leur titrage.

Je prétends de plus que les noirs dosés par cette méthode se montrent sensibles à la plupart des influences dont j'ai, précédemment, étudié l'effet sur les nodules. L'oxyde de fer et l'alumine n'entrant que pour une faible part dans la composition de ces engrais, les actions dont il s'agit sont ici moins marquées que sur les phosphates fossiles. Elles n'en sont pas moins réelles, et le trouble qu'elles jettent dans les résultats analytiques peut aisément se traduire par des différences de 2 à 3 %.

Pour condamner de ce chef l'analyse commerciale appliquée aux noirs, il ne me semble pas utile de répéter dans son entier la série des expériences que j'ai consignées dans mon mémoire sur les phosphates fossiles. Je me bornerai à relever les écarts de titre dus à la température et à la quantité du liquide à précipiter, aussi bien que du liquide employé à laver le phosphate de chaux. Nous retrouverons ici des actions de même sens que celles qui ont été notées pour les fossiles, et le parallélisme ne se démentirait pas, si je traçais le tableau complet des variations que peut subir l'essai commercial des noirs.

1° *Influence de la température du liquide à précipiter.* — Dans le mémoire cité plus haut, Bobierre rapporte, qu'ayant voulu se rendre compte de l'effet produit sur le phosphate de chaux par la température du liquide au milieu duquel on le précipite, il institua des expériences comparatives à cet effet. Les différences obtenues par lui entre le poids des précipités formés dans un liquide froid et dans un liquide à 35°, furent peu marquées. Il en conclut, qu'il est indifférent d'opérer de l'une ou de l'autre manière.

Je n'ai pas tout à fait la même opinion. J'admets que, dans les limites de température choisies par Bobierre, les écarts de titre puissent être négligés. Mais si on porte jusqu'à 80 ou 100° le liquide à sursaturer par l'ammoniaque, on observe des écarts notables, analogues à ceux que présentent les phosphates fossiles dans les mêmes conditions.

Les avantages et les inconvénients de l'eau bouillante sont à peu près les mêmes ici que pour les phosphates fossiles. S'il y a dissociation plus énergique du phosphate de chaux précipité, en revanche la précipitation est plus complète et la composition du précipité paraît plus constante. D'où il suit qu'il est préférable d'opérer en liqueur bouillante. Je vais justifier cette assertion par quelques chiffres :

Origine.	Précipitation à froid.	Précipitation à 100°.	Différence.
Amsterdam............	45.90	47.20	1.30
Nantes	49.50	50.10	0.60
—	55.30	56.20	0.90
Marseille.............	65.40	66.20	0.80
—	68.20	69.00	0.80
Lisbonne	65.30	66.50	1.20
Bordeaux	67.40	68.10	0.70
—	68.10	68.60	0.50

2° *Influence du volume du liquide à précipiter.* — La sursaturation par l'ammoniaque a été pratiquée à froid, pour ne pas placer dans des conditions différentes les deux séries d'essais. Les écarts sont de l'ordre de ceux que donneraient des phosphates fossiles :

Origine.	Volume du liquide à précipiter.		Différence.
	200cc.	20cc.	
Nantes	52.80	53.90	1.10
—	57.50	58.40	0.90
—	61.30	62.30	1.00
Lisbonne.....................	64.80	65.60	0.80
—	66.00	66.70	0.70
Marseille.....................	67.20	68.80	0.60
—	68.30	69.20	0.90
Nord.....................	70.10	70.60	0.50
—	71.00	71.80	0.80

3° *Influence de la température et de la quantité du liquide laveur.* — Les essais destinés à la vérification de cette double influence ont tous été faits sur des précipités contractés, obtenus en versant un excès d'ammoniaque dans des solutions de noir au 1/20. Les chiffres suivants font voir, qu'on ne peut laver impunément ces précipités avec un grand excès d'eau soit froide, soit bouillante :

Origine.	Lavage avec eau froide		Différence.	Lavage avec eau bouillante.		Différence.
	50cc.	300cc.		50cc.	300cc.	
Amsterdam.........	45.00	44.30	0.70	47.80	47.20	0.60
—	46.20	45.50	0.70	48.00	47.60	0.40
Nantes.............	48.20	47.20	1.00	50.70	49.70	1.00
—	52.80	51.70	1.10	54.30	53.60	0.70
—	54.40	54.00	0.40	57.60	57.10	0.50
Marseille...........	65.00	64.10	0.90	66.80	66.10	0.70
—	68.20	67.40	0.80	70.00	69.20	0.80
Sucrerie du Nord....	70.30	69.30	1.00	71.50	70.40	1.10
—	73.80	73.30	0.50	75.00	74.10	0.90
—	76.90	76.20	0.70	78.50	78.10	0.40

Je n'insisterai pas davantage sur la similitude des phénomènes chimiques qui accompagnent la précipitation des noirs
et celle des phosphates fossiles. Je crois avoir démontré la
sensibilité des premiers à quelques-unes des influences qui
ont tant d'effet sur les seconds et je conclurai en disant :

1° L'analyse commerciale ne convient pas plus aux noirs
qu'aux phosphates fossiles. Les écarts qu'elle donne avec
l'analyse exacte, pour être moins forts que dans le cas de
ces derniers, ne sont pas moins trop importants pour qu'il
n'en soit pas tenu compte ;

2° L'inconstance des résultats fournis par cette méthode
éclate aussi bien dans l'analyse des noirs que dans celle des
nodules. Toute la différence est dans la mesure des écarts
observés ;

3° L'analyse commerciale doit donc être remplacée par
le dosage exact de l'acide phosphorique pour les noirs de
toute provenance.

LE GUANO DU CAP VERT

*Note communiquée à l'Académie des Sciences
dans la séance du 15 octobre 1883.*

———— •• ————

Extrait des Annales de la Société académique de la Loire-Inférieure, 1883.

———— •• ————

Les guanos se font de plus en plus rares et leur richesse
en principes fertilisants, en azote surtout, suit une progression
décroissante chaque jour plus marquée. Aussi l'agriculture
envisage-t-elle sans appréhension l'épuisement définitif et
prochain des gisements du Pérou.

La spéculation est moins résignée. Elle cherche de tous
côtés de nouvelles sources du précieux engrais et, dernièrement, elle a cru trouver, dans les îles du Cap Vert, une
compensation à ce qui lui manquera bientôt en Amérique.
Un premier envoi de guano de cette provenance, fait à
Bordeaux en 1882, avait encouragé les espérances primitivement conçues et, dès le commencement de cette année,
350 tonnes du même produit furent amenées à Nantes par
le navire *Edouard*. La composition chimique du chargement

*

ne répondit en rien aux promesses des expéditeurs ; la voici, telle que me l'a donnée la moyenne de neuf analyses :

Humidité....................	15.21
Azote organique..............	0.28
— ammoniacal	0.04
Matières organiques...........	10.63
Acide phosphorique...........	11.37
Chaux, magnésie, oxyde de fer..	20.49
Sels solubles dans l'eau........	0.92
Silice et silicates.............	41.06
Total..........	100.00

Cette composition n'est rien moins que satisfaisante et pourtant elle représente le guano débarrassé d'une quantité considérable de pierres, qui en amoindrissaient encore la valeur. Un pareil produit ne peut être mis en rivalité même avec celui que fournit actuellement le Pérou.

DOSAGE DE LA GOMME ARABIQUE

DANS LE SIROP DE GOMME,

———— •• ————

Extrait des Annales du Conseil d'hygiène et de salubrité de la Loire-Inférieure, 1883.

———— •• ————

A lire les traités spéciaux, rien n'est plus facile que de doser la gomme arabique d'une dissolution quelconque, d'un sirop, par exemple. On peut choisir indifféremment entre la précipitation par l'alcool indiquée par Soubeiran et la coagulation par le sulfate ferrique préconisée par Roussin.

Cette dernière méthode, bien exécutée, donne, il est vrai, des résultats presque satisfaisants. Mais on pourra toujours lui faire le reproche de substituer à la balance un mode d'appréciation moins rigoureux et, bien qu'il ait peu de valeur, celui d'exiger l'emploi d'éprouvettes à graduation et à dimensions particulières.

Le procédé de Soubeiran paraît, au premier abord, plus accessible et plus sûr ; il ne réclame aucun outillage spécial et l'on a toujours sous la main l'alcool nécessaire à l'opération. Mais, quand on le met en pratique, on s'aperçoit qu'il est également défectueux ; la précipitation de la gomme n'est jamais complète, souvent même elle est à peu près nulle, quelle que soit la durée de l'ébullition ; en outre, dans les cas les plus favorables, une partie du précipité adhère énergiquement aux parois du vase, ce qui nécessite une seconde dissolution suivie d'une précipitation nouvelle.

Il est aisé, toutefois, de corriger ces défauts et de rendre l'analyse exacte ; il suffit pour cela d'aciduler légèrement l'alcool dont on fait usage. On peut alors opérer *à froid,* sans avoir à redouter aucun des inconvénients précités. Voici les conditions dans lesquelles je me place habituellement :

Dans un vase à saturation d'une capacité de 150 cent. cubes, je pèse 10 grammes de sirop de gomme. Je les délaie peu à peu dans 100 cent. cubes d'alcool à 85°, j'ajoute au mélange vingt gouttes d'acide acétique et j'agite vivement le tout avec une baguette de verre. La gomme est aussitôt précipitée en flocons caséeux qui se réunissent promptement au fond du vase.

Je fais reposer le liquide pendant deux ou trois heures, puis je le jette sur un filtre double taré, bien qu'il soit encore légèrement opalin ; il filtre limpide. Quant à la gomme, elle forme un gâteau suffisamment cohérent pour être complètement égoutté.

Lorsqu'elle ne laisse plus écouler de liquide, je la dissous dans sept ou huit centimètres cubes d'eau distillée, j'y mélange à nouveau 100 centimètres cubes d'alcool à 85° aiguisé de vingt gouttes d'acide acétique et j'abandonne au repos pendant trois heures, comme la première fois. Au bout de ce temps, l'alcool est versé sur le filtre de la première opération. Je lave la gomme avec de l'alcool pur, par décantation, et je la fais tomber sur le filtre que je lave à son tour avec le même alcool.

Il reste à sécher le filtre à l'étuve, à 100°, puis, suivant le conseil de Soubeiran, à l'exposer à l'air libre pendant vingt-quatre heures, pour que la gomme reprenne l'humidité qu'elle contient normalement, enfin à le peser. Les résultats sont très exacts.

Il est évident que ce moyen n'est pas applicable à l'analyse d'un produit contenant à la fois du sirop de gomme et du sirop de glucose du commerce. Cependant il peut servir à reconnaître le dernier lorsqu'il est seul. Effectivement, celui-ci se trouble au contact de l'alcool et laisse précipiter de la dextrine que l'on ne peut, à première vue, distinguer de la gomme arabique. Mais, en peu d'instants, la dextrine perd son aspect floconneux et recouvre d'un enduit poisseux les parois du vase dans lequel on opère, tandis que la gomme s'agrège en une masse faiblement adhésive qui ne change pas de caractère, même après plusieurs jours. D'un autre côté, on peut décanter le liquide et traiter le résidu par les réactifs convenables ; on sait bientôt si l'on est en présence de gomme ou de dextrine.

FALSIFICATION DU TABAC A PRISER

Extrait des Annales du Conseil d'hygiène et de salubrité de la Loire-Inférieure, 1883.

Les recueils scientifiques ne signalent qu'un petit nombre de sophistications du tabac en poudre, dont les principales consistent en l'addition de *plomb*, de *shorli* (1) ou de *sels alcalins*, dans la proportion de 10 à 50 pour 100 du mélange. Pourtant la fraude semble s'exercer fréquemment sur cette substance.

Sans vouloir ici prendre parti pour ou contre l'étrange habitude qui pousse une fraction respectable des peuples civilisés à se remplir les narines de tabac, je crois utile d'attirer l'attention des consommateurs sur les manœuvres coupables de certains débitants en citant un fait de falsification nuisible tout récent.

Vers le commencement de cette année, une véritable épidémie vint jeter la consternation parmi les priseurs d'une petite ville de notre département. « Ils ne mouraient pas tous, mais tous étaient frappés. » Le mal avait partout un caractère uniforme. Il débutait par une sécheresse très grande des fosses nasales accompagnée de démangeaisons vives et

(1) Mélange d'alumine, de silice et d'oxyde de fer fourni par les feuilles de nicotiane.

d'innombrables éternuements ; cette première période durait environ quatre ou cinq heures. Aussitôt après s'établissait un écoulement abondant, d'abord séreux et incolore, puis muqueux et jaunâtre et doué d'une odeur très désagréable. L'inflammation de la membrane pituitaire gagnait constamment les sinus frontaux et causait une céphalalgie sus-orbitaire permanente. Souvent elle s'étendait à la conjonctive, au voile du palais et à ses piliers, aux amygdales et même à la face postérieure du pharynx qui devenait le siège d'un prurit des plus désagréables. Au bout de trois ou quatre jours, une sorte de tolérance semblait s'établir, l'écoulement nasal se ralentissait, mais le gonflement de la muqueuse persistait et maintenait l'abolition partielle de l'odorat tout le temps que se prolongeait l'usage de la poudre falsifiée.

Surpris de la généralisation de ces accidents et de leur localisation dans la confrérie des priseurs, le médecin du lieu suspecta le tabac d'en être la cause et il me fit parvenir successivement six paquets de poudre pris à la même source par différentes personnes en me priant de les soumettre à un examen attentif.

Tous les échantillons paraissaient identiques et rien, en apparence, ne trahissait une adultération quelconque. Au fond, l'un d'eux différait cependant des autres. Le microscope y révéla la présence d'une petite quantité d'une poussière végétale impossible à confondre avec le tabac, en raison de sa structure anatomique spéciale. Cette poudre, de nature ligneuse, devait être du bois vermoulu.Ce n'était pas le corps du délit, la différence de couleur des deux produits n'eut pas permis une opération commerciale fructueuse et je crois le hasard seul responsable du mélange.

Mais, à côté de cette substance probablement inoffensive, j'ai trouvé, à la lumière de l'analyse chimique, de la *terre noire* (tourbe, terre de bruyère ou analogue) soigneusement passée au crible et complètement dissimulée dans le tabac. Tous les échantillons en contenaient de 12 à 20 % de leur poids.

La fraude était grossière et lucrative à la fois ; elle eut passé inaperçue sans la susceptibilité des victimes du débitant sans scrupules. Je n'ai pas cherché à déterminer si les propriétés irritantes de la terre résidaient dans ses produits humiques ou dans la poussière siliceuse aux arêtes tranchantes dont elle était abondamment pourvue. J'aurais difficilement trouvé un sujet disposé à l'expérience et, du reste, une seule chose importait ici : la constatation de la fraude.

INFLUENCE DE LA PULPE DE DIFFUSION

SUR LE LAIT DE VACHE

Par A. Andouard et V. Dezaunay ([1]).

———— ·· ————

Extrait du Bulletin du Comice agricole de la Loire-Inférieure, 1883.

———— ·· ————

On admet généralement aujourd'hui que la pulpe résultant du traitement de la betterave par la diffusion augmente la quantité aussi bien que la qualité du lait des vaches auxquelles elle sert d'aliment. Au dire de M. Simon-Legrand et d'autres agriculteurs, son usage améliore, tout à la fois, les animaux, dont la chair devient tendre et succulente, et leurs produits, en particulier le beurre, qui prend une saveur recherchée en même temps qu'il devient d'une plus facile conservation.

Nous ne prétendons point nous inscrire d'une manière absolue contre cette appréciation, mais l'essai fait chez l'un de nous, ce printemps dernier, ne nous permet pas non plus de nous associer complètement aux éloges décernés à la pulpe de diffusion considérée comme agent améliorant du lait et de ses principes. Voici le résumé des observations sur lesquelles est fondée notre réserve.

L'expérience a été commencée le 24 mars 1883 sur une vache de race nantaise, du poids de 300 kilogrammes environ. La bête était bien portante ; elle avait vélé le 11 décembre 1882 et avait été saillie le 13 janvier suivant. Son lait, journellement consommé par la famille de l'un de nous et par quelques personnes du voisinage, était excellent jusqu'au jour où l'on fit entrer dans son régime la pulpe de diffusion.

A dater de ce moment, il manifesta une tendance marquée

([1]) Note communiquée à l'Académie des Sciences dans la séance du 8 octobre 1883.

à la coagulation spontanée. En outre, lorsqu'on le portait à l'ébullition, la crème s'agglomérait en petites masses qui lui donnaient l'apparence de lait tourné, alors qu'il n'avait cependant éprouvé aucune altération. Sa saveur elle-même était moins agréable que par le passé et il n'était pas possible de mettre ce changement sur le compte de l'imagination, car, au nombre des consommateurs, se trouvait un enfant âgé d'un mois, qui témoigna plus énergiquement que personne de la qualité défectueuse du produit.

Ne pouvant croire, au premier instant, à un effet aussi formellement en désaccord avec les opinions reçues, nous avons essayé plusieurs fois, et sans en avertir la mère, de faire reprendre à l'enfant dont nous venons de parler le lait de la vache nourrie à la pulpe. A chaque tentative nouvelle, l'enfant était bientôt pris de vomissements et repoussait avec obstination le breuvage qu'on lui présentait. Le doute n'était pas admissible et la constance des phénomènes observés accusait nettement la pulpe d'être la cause de l'altération du lait.

Ce résultat ne laissa pas que de nous surprendre et il nous inspira le désir de vérifier la réalité des assertions relatives à l'action du même aliment sur la production et sur la composition chimique du lait.

La pulpe employée dans nos essais venait de la sucrerie de Paimbœuf (Loire-Inférieure). Soigneusement ensilotée, elle offrait une teinte blanchâtre et une odeur vineuse très franche, annonçant un bon état de conservation. Sa composition chimique était la suivante :

Sucre	0.16
Acides organiques (*exprimés en acide acétique*)	1.08
Principes organiques azotés	1.12
— — non azotés	7.64
Alcools	traces.
Sels minéraux	1.03
Eau	88.97
Total	100.00

Rien n'est anormal dans cette composition, mais nous ferons remarquer de suite qu'une vache consommant chaque jour 50 kilogrammes de pulpe ainsi constituée absorbe 540 grammes d'acides organiques (acide acétique et homologues), dose importante et susceptible vraisemblablement de modifier la nature de la sécrétion lactée.

Avant de rien changer à la nourriture habituelle de la vache en expérience, nous avons soumis son lait à l'analyse chimique, pour avoir un terme de comparaison. Cette notion acquise, nous avons introduit la pulpe dans l'alimentation de l'animal, à dose d'abord croissante, puis décroissante. Dans la dernière semaine, la pulpe a été remplacée par la betterave entière et, enfin, par le rutabaga. Toutes les rations ont été combinées de manière à représenter la même valeur argent. Les relevés ci-dessous établissent leur succession et la production qu'elles ont excitée pendant les trente-cinq jours qu'ont duré les recherches.

1re SÉRIE.

Nourriture : Foin des îles de la Loire............ 7ᵏ500
　　　　　　　Rutabagas 10.000
　　　　　　　Son de froment.................... 1.000

Pâture de 10 heures à 5 heures.

Mars 24. — Traite du soir.....................	2ˡⁱᵗ50
25. — Traite totale.....................	5.25
26. — —	4.50
27. — —	5.50
28. — —	4.75
29. — —	5.00
30. — —	5.50

Traite moyenne : 5 ˡⁱᵗ 07.

2ᵉ SÉRIE.

Nourriture : Même foin...................... 7ᵏ500
Pulpe de diffusion 27.750
Son de froment.................... 1.000
Pâture de 10 heures à 5 heures.

Mars 31. — Traite totale......................	5ˡⁱᵗ50
Avril 1. — —	4.75
2. — —	5.50
3. — —	6.00
4. — —	6.00
5. — —	6.00
6. — —	5.75
7. — —	6.25

Traite moyenne : 5ˡⁱᵗ72.

3ᵉ SÉRIE.

Nourriture : Même foin...................... 7ᵏ500
Pulpe de diffusion 55.000
Pâture de 10 heures à 5 heures.

Avril 8. — Traite totale......................	6ˡⁱᵗ25
9. — —	6.00
10. — —	6.50
11. — —	6.00
12. — —	6.50
13. — —	6.25
14. — —	6.25

Traite moyenne : 6ˡⁱᵗ25.

4ᵉ SÉRIE.

Nourriture : Même foin...................... 7ᵏ500
Pulpe de diffusion................ 25.000
Son de froment.................... 1.250
Pâture de 10 heures à 5 heures.

Avril 15. — Traite totale...................... 6^{lit}75
  16. — — 6.50
  17. — — 7.00
  18. — — 7.00
  19. — — 6.50
  20. — — 6.50
  21. — — 6.50

Traite moyenne : 6 ^{lit} 68.

5e SÉRIE.

Nourriture : Même foin...................... 7^{k}500
  Betteraves coupées................ 10.000
  Son de froment.................... 1.000
  Pâture de 10 heures à 5 heures.

Avril 22. — Traite totale...................... 6^{lit}00
  23. — — 5.75
  24. — — 5.75
  25. — — 5.50
  26. — — 5.75
  27. — — 5.50

Traite moyenne : 5 ^{lit} 70.

D'après ce qui précède, il est évident que la pulpe de diffusion l'emporte sur le rutabaga et même sur la betterave entière, au point de vue de l'activité qu'elle imprime à la sécrétion lactée. Partie de 5 lit. 07, avec le rutabaga comme stimulant, la traite moyenne s'est élevée, en moins de 15 jours et sous l'influence de la pulpe, à un maximum de 6 lit. 68, pour redescendre de suite à 5 lit. 70, lorsqu'à celle-ci nous avons substitué la betterave intacte. Ces chiffres parlent sans commentaires.

Nous avons dû interrompre l'étude au moment où nous reprenions l'usage du rutabaga, mais il n'est pas douteux que le retour à cet aliment ne nous eût ramenés aux traites faibles de la première série.

Ainsi, grâce à la pulpe de diffusion, le volume total du lait a suivi une progression ascendante rapide ; en est-il de même de la proportion respective des éléments nutritifs ? Voici des analyses qui répondent à cette question :

Dates.		Beurre.	Sucre.	Caséine.	Sels minéraux.
26 mars		3.83	5.02	3.02	0.76
28 —	1re série........	3.72	4.80	3.11	0.68
30 —		3.82	4.53	3.32	0.72
	Moyenne	3.79	4.78	3.15	0.72
1er avril ...					
3 — ...		4.00	5.50	3.32	0.64
5 — ...	2e série........	3.68	6.30	3.25	0.76
6 — ...		4.18	5.96	3.26	0.66
		4.88	5.90	3.10	0.70
	Moyenne	4.18	5.91	3.23	0.69
8 — ...		4.32	5.46	3.33	0.66
9 — ...		3.89	5.82	3.27	0.60
11 — ...	3e série........	4.29	5.91	3.08	0.76
12 — ...		4.45	5.71	3.10	0.67
13 — ...		4.34	5.68	3.07	0.78
	Moyenne	4.26	5.72	3.17	0.69
16 — ...					
17 — ...		4.25	5.07	3.29	0.74
18 — ...	4e série	3.77	5.30	3.07	0.72
19 — ...		3.99	4.93	3.21	0.76
20 — ...		4.02	5.21	3.37	0.78
		3.80	5.30	3.27	0.70
	Moyenne	3.97	5.16	3.24	0.74
23 — ...					
25 — ...		3.79	5.21	3.12	0.64
26 — ...	5e série	3.89	5.03	3.29	0.72
27 — ...		4.52	5.30	3.21	0.66
		3.85	5.37	3.10	0.78
	Moyenne	4.01	5.23	3.18	0.79

Si l'on rapproche les moyennes données par les différentes séries, on voit que, dans les limites de nos expériences, la caséine et les sels minéraux n'ont pas éprouvé de variations sensibles. Le beurre et le sucre ont pris, au contraire, un maximum notable, correspondant, pour le premier de ces principes, à la plus forte ration de pulpe, et pour le second, au début du changement de nourriture.

A ne considérer que les poids, il est certain que cet aliment est favorable à l'augmentation des éléments hydro-carbonés et du volume total du lait. Malheureusement, il nous semble contestable que les qualités organoleptiques bénéficient également de son usage. Dans le cas que nous citons, le lait acquérait manifestement une saveur moins agréable et se montrait prédisposé à une prompte altération, dès le jour même où commençait l'alimentation à la pulpe.

A quel principe de la pulpe faut-il attribuer ce changement et devons-nous le regarder comme un accident fortuit ou comme une conséquence forcée de ce régime alimentaire ?

Nous inclinons vers la deuxième hypothèse et nous imputons l'infériorité du lait aux acides organiques engendrés par la fermentation de la pulpe. Cette fermentation étant inévitable, nous craignons qu'il n'en soit de même de l'inconvénient précité. Nous nous proposons, du reste, de reprendre l'étude de cette question, sur une plus grande échelle, pendant la prochaine campagne sucrière, en employant comparativement la pulpe sortant de la presse et celle qui a été conservée en silos.

En attendant, nous déduisons de nos recherches les conclusions suivantes :

1º La pulpe de diffusion conservée en silos et donnée à une vache à la dose de 27, puis de 55 kilogrammes par jour, a produit immédiatement une augmentation de près de 32 % du rendement en lait ;

2° Elle a paru sans influence sur la richesse du lait en caséine et en sels minéraux ;

3° Mais elle a élevé la proportion du beurre de 12,40 °/₀ et celle du sucre de 23,64 °/₀ du poids primitif des mêmes éléments ;

4° Enfin, elle a communiqué au lait une saveur moins agréable et une prédisposition certaine à la fermentation acide.

Mme ve Camille Mellinet, imp., pl. Pilori, 5. — L. Mellinet et Cie, sucrs.

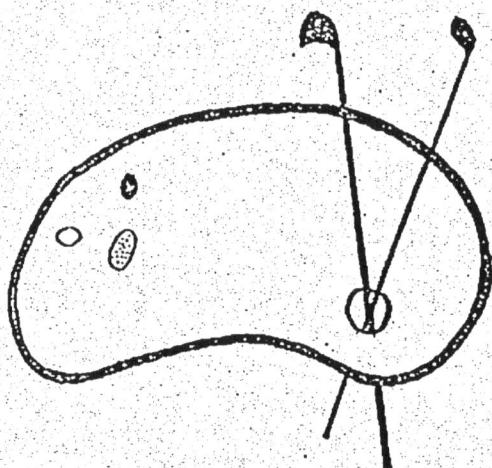

www.ingramcontent.com/pod-product-compliance
Lightning Source LLC
Chambersburg PA
CBHW050618210326
41521CB00008B/1309